南京航空航天大学重点教材立项项目

航天器设计与新概念航天器

闻新　张静华　王戬　等　编著

化学工业出版社

北京

内 容 简 介

《航天器设计与新概念航天器》集科学知识与工程管理于一体，能够让广大读者在学习航天器设计知识的同时，了解星际探索新概念、开拓视野、提升自主创新的信心！本书的内容包括航天器总体设计的艺术，空间环境对人类航天活动的影响，航天器控制技术，航天器系统工程，小卫星应用模式，模块化卫星，国际最新星际探索的创新概念和奇妙案例，包括金星探测器、帆式航天器、木卫二机器人、可重构组合式立方体卫星、变形金刚机器人以及潜在的小行星探测概念设计，等等。

本书不仅适合作为学生通识课程的教材，也适合作为启发学生创作竞赛作品的指导用书，更适合各行各业渴望了解航天知识和宇宙奥秘的人士阅读。

图书在版编目（CIP）数据

航天器设计与新概念航天器 / 闻新等编著. —北京：
化学工业出版社，2023.11（2025.4 重印）
ISBN 978-7-122-44026-6

Ⅰ.①航… Ⅱ.①闻… Ⅲ.①航天器—设计 Ⅳ.①V423

中国国家版本馆CIP数据核字（2023）第154022号

责任编辑：张海丽　　　　　　　　　装帧设计：溢思视觉设计／姚艺
责任校对：李露洁

出版发行：化学工业出版社（北京市东城区青年湖南街13号　邮政编码100011）
印　　装：北京建宏印刷有限公司
787mm×1092mm　1/16　印张9　字数169千字　2025年4月北京第1版第2次印刷

购书咨询：010-64518888　　　　　　售后服务：010-64518899
网　　址：http://www.cip.com.cn
凡购买本书，如有缺损质量问题，本社销售中心负责调换。

定　　价：69.80元

前言

钱学森说过,他是艺术与科学相结合的受益者。科学与艺术是两个互相独立的领域,但科学能够对客观事物和规律进行解释,而艺术能够营造一种环境和气氛,从而形成寄托情感的中国航天文化。基于此,本书内容也是知识与艺术的融合。

航天器设计是一项多学科、多专业交叉与综合的系统工程技术,在航天器研制和应用中占有重要地位。本书能够让广大读者在学习航天器设计知识的同时,了解星际探索新概念、开拓视野、提升自主创新的信心!

本书主要包括航天器设计的基本知识点、星际空间的新概念航天器两大部分。特别指出,本书叙述的航天器设计和新概念航天器的内容,是站在系统工程的角度,涉及的技术属于宏观层面的知识。本书的通俗性主要体现在三个方面:①对于复杂的技术问题,尽量避免用抽象的数学公式表述;②对于星际探索概念与方案表述,采用科学思想与人文艺术相互结合的方法;③全书力争图文并茂,便于各个年级学生和各个专业的学生理解。

本书作者结合工作实践经历和体会,跟踪国际航天强国的相关技术,探索性地组织编写了这本通俗性的教材。本书由闻新组织和编写,张静华负责统稿,王戬、刘嘉乐以及选修"新概念航天器"课程的部分同学参与了第3章和第8章的编写和校对工作。

本书的出版得到了南京航空航天大学英才培育计划经费的支撑,得到了中国空间技术研究院北京空间飞行器总体设计部和中国航天科工集团有限公司同仁的支持,以及中国航天报社同仁的协助;本书在编写过程中,编著者在北京理工大学珠海学院开展了一些教学实践探索工作,在此表示深深的感谢。由于在编写过程中没有比较成熟的模式可以借鉴,书中不妥之处恳请读者批评指正,欢迎提出宝贵意见。

编著者

2023年6月于珠海

目录

第1章
概述

1.1 航天器设计与航天器设计师

1.1.1 航天器设计的概念

"航天器设计"也称"航天器总体设计"。其中,"总体设计"一词是中国航天之父钱学森给出的定义,英文意思是"System Engineering",所以学术界又称"航天器总体设计"为"航天器系统工程"。

什么是"总体设计"或"系统工程"?钱学森说它是一种科学方法,美国学者说它是一门科学,还有专家说它是一门特殊工程学,但大多数科学家认为它是一种管理技术。

航天器总体设计技术是根据用户需求在航天器研制和飞行过程中与总体紧密相关的设计技术的统称。具体来说,就是根据用户的特定任务要求,对航天器功能和总体技术指标进行综合论证;协调确定与运载火箭、发射场、测控网和地面应用等其他系统之间的接口和约束条件;分析和选择有效载荷的配置;选择和设计能够实现该任务的飞行轨道;完成总体技术方案和航天器的构型设计;在总体统筹和优化的基础上,确定各分系统的研制技术要求;完成结构与机构、热控制、综合电子等与总体密切相关的分系统设计和试验;确定系统集成方案,完成总装设计、总体电路设计以及总装集成后的电性能测试方案制定和实施;制定部件和系统级环境试验条件、地面验证试验方案和航天器建造规范等。

航天器总体设计技术是一项多学科多专业、交叉与综合的系统工程技术(见图1.1的卫星测试现场),在航天器研制和应用中占有重要地位,其技术水平不但对提高航天器总体水平、缩短研制周期、节省研制经费起着重要作用,而且直接关系到航天器总体性能及其总体技术指标的先进性、可靠性、安全性和航天器在轨工作寿命。

图1.1 航天工程师们正在戈达德太空飞行中心净化间对卫星进行测试

1.1.2 航天器设计师的必备特征

航天器设计是一个复杂的、跨学科的领域，需要航天设计师具有好奇心、自信和毅力，才能成功。航天器设计对待复杂项目和计划时，总是先考虑整体，然后再去平衡许多分系统的优化设计。因为成功的航天器设计师要用一个积极心态去促使复杂项目的完成。美国宇航局通过一个虚拟项目管理得出，作为一名航天器设计师，其主要特征体现在7个习惯中。

习惯1：有效沟通

鉴于航天器设计属于系统工程，涉及的范围广，系统复杂性高，描述和倾听，即有效沟通是非常重要的。阿姆斯特朗飞行研究中心的一位航天器设计师表示，能够及时和清晰地表达，或传递项目的框架和层次结构是必需的。沟通也是一种知识交流，在每次知识交流时，更会有机会建立相互的信任度。

习惯2：广泛思考

一个优秀的航天器设计师必须广泛思考，以便了解复杂项目所有分系统是如何关联的。詹姆斯·韦伯太空望远镜综合科学仪器模块的首席系统工程师表示，项目的关键是收集和综合信息，不要过早地给出结论，要充分寻找和理解分系统的关系。信息是以不同的形式存在于不同的地方，必须对不同的人以不同的方式敞开心扉，以便自己获得项目的一切。

习惯3：建立团队凝聚力

建立一个有效的团队，让每个成员都认可和欣赏你，这对于航天器设计师来说至关重要。约翰逊航天中心主任表示，航天器设计师必须积极培养团队凝聚力，利用软技能来激励团队成员利益。现实情况是，要建立一种文化，必须看到激励团队的所有因素，以及那些因素给团队带来了什么。

习惯4：保持以任务为中心

认识到保持以任务为中心的重要性。对于航天器设计师来说，管理整个任务的风险并与其他学科的设计师们合作是非常重要的。作为一名航天器设计师，需要具备审视各个子系统的能力，了解不同子项目的设计师正在做什么，并能够在他们之间权衡，以便从总体任务中发现风险，并采取措施规避。

习惯5：问好的问题

一个优秀的航天器设计师会在适当的时候提出好的问题。肯尼迪航天中心发射项目高级任务经理指出，许多人不愿提问，但是一旦提出问题，就是好的问题，即使不是专家的问题，哪怕是肢体语言表现出来的好的问题，也要跟进，这很重要。失败往往是由我们不知道的问题所而造成的。

习惯6：保持开放的心态

保持开放的心态，航天器系统设计师需要有效地权衡新的想法或意见。戈达德太空飞行中心的任务分析总师要求航天器设计师能够积极征求与自己不一致的思路和想法。如果每个人都以不同样的方式看待同一个问题，那么每个人的智慧都会隐藏着另一个方面。

习惯7：善于从多维观察

由于航天器设计师从事的项目复杂，因此从多个维度观察事物是至关重要的。航天器设计师要能抵制过于深入细节的诱惑，并从多个维度观察和思考一个复杂系统。有时让自己退缩，然后从更广泛的角度去思考。要注意（重视）花时间与不同专业的设计师们打交道，以了解他们如何看待任务、他们需要什么数据等。

1.2　航天器载荷与任务

航天器各式各样，其形状和大小各不相同，种类繁多。但航天器基本都是由两大部分组成的，一个部分称为"平台"，另一个部分称为"载荷"。航天器的平台部分至少包括4个分系统：通信装置、电源、轨道确定器、外壳。航天器的载荷部分，是指航天器携带的不同仪器，由于携带的载荷不同，便构成了不同类型的航天器。例如，携带对地照相的相机载荷，就称为对地观测卫星；携带太空望远镜的载荷，就称为太空天文台。所以，通常载荷类型决定航天任务。

1.2.1　载荷的种类

航天活动是探测研究太空环境和利用开发太空资源的重要手段，航天器则是直接探测研究太空环境和利用开发太空资源的主要工具。发展航天技术、研制和发射航天器的任务和目的，就在于开发信息、物质和能量类产品，以满足人类文明进步和社会日渐繁荣的需求。

利用航天器开发信息类产品，包括获取和传输太空环境信息、获取和传输地球和大气层系统环境信息、转发或发送各种无线电信息等，可以完全用仪器、设备或装置等物质性载荷以自动化方式进行。

因此，航天器都载有用于获取、传输或转发、发送信息的物质性有效载荷。利用航天器开发物质类和能量类产品要比开发信息类产品困难得多，也复杂得多。

有效地、成规模地开发物质类和能量类产品，虽然离不开物质类有效载荷，但在现今和可以预见的未来还很难或不宜全部以自动化方式实现，需要人到达太空现场参与任务实施。

这正是载人航天器得以发展的缘由。载人航天器上载有航天员，而人是世间万物中最宝贵的。因此，载人航天器虽然会装载物质性有效载荷，但其最重要的有效载荷则为执行航天任务的人，即航天员。

从上述可见，航天器的有效载荷从大的方面可分为航天员和物质性有效载荷两类。其中，作为载人航天器的主要有效载荷——航天员，并非单指航天员本身，而是由航天员和一定的装备（如航天服、必要的工具等）组成的一个能从事航天活动的系统。

作为航天器必备的物质性有效载荷视航天任务的不同而异。在现阶段，物质性有效载荷大体上分为进行科学探测的仪器和科学实验的设备、获取地球和大气层系统反射和辐射（发射）的电磁信息的遥感设备、转发无线电信息的通信设备、发送定位信息的导航设备等几种，今后还可以有生产特种材料和药物的设备、发送电力的装置等。它们中的每一种都是由若干个分系统组成的复杂系统。例如，遥感器可分为结构、光学、电控、存储和传输等几个分系统。

载荷的平台

位于太空中的航天器上的有效载荷，必须由航天器提供能量、信息和创造适当的环境、条件，才能在高真空、强辐射背景、超低温背景和冷热交变等严峻的太空环境下可靠和有效地工作。航天器上用于保证与支持有效载荷工作的仪器、设备和系统称为航天器的平台。

航天器平台各组成部分彼此也相互支持。航天器的有效载荷和平台组合成为一个整体。若把航天器视作一级系统，则其包括有效载荷和平台两个二级系统，而平台又由结构系统、热控系统、姿态控制系统、推进系统、无遥测测控系统、电源系统、数据管理系统等（如果是载人航天器，还包括返回着陆系统、航天员生命保障系统、仪表照明系统、航天员应急救生系统）组成。

1.2.2　载荷的作用

　　航天器在太空中完成任务、实现功能的标志为能产生符合设计要求的输出。航天器平台内的各分系统一般是从不同的角度和方面为产生直接输出的有效载荷或平台内其他分系统提供服务与支持。

　　换言之，航天器的性质和功能主要是由有效载荷决定的。从这个意义来讲，有效载荷又是航天器的核心，它在航天器设计中应起主导作用。有效载荷在航天器设计中的主导作用要求组成航天器平台的各分系统以有效载荷的需要作为它们最基本的设计要求。当然，有效载荷对平台各分系统提出的设计要求，应是在航天器系统总设计师主持下，经有效载荷和平台各分系统充分协商后确定的，应符合航天器功能实现和整体优化的原则。有效载荷在航天器设计中的主导作用，绝不意味着有效载荷的要求高于一切、有效载荷的设计师和设计单位高人一等。实际上，航天器有效载荷离开平台各分系统的保证与支持，不能工作或不能产生正常的输出；有效载荷设计单位离开平台各分系统设计单位的配合与协作，也完不成或很难完成其研制任务。

　　因此，作为在航天器设计中起主导作用的有效载荷及其设计单位，务必谨慎，务必尽可能地考虑平台各分系统的要求。也就是说，航天器有效载荷和平台双方，均应以完成整个航天器的任务作为共同目标。

1.3　航天系统

　　航天系统由航天器、运载火箭、航天发射场、航天测控系统、应用系统组成，是完成特定航天任务的工程系统（图1.2）。其中，应用系统指航天器的用户系统，一般是地面应用系统，如GPS接收机、气象预报等。

　　以我国载人航天工程为例，整个航天系统由11个部分构成。

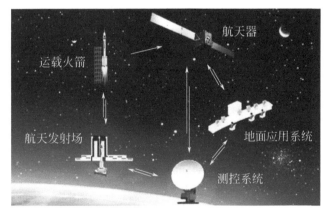

图1.2　航天系统组成

（1）航天员系统

航天员系统的总体单位是中国航天员科研训练中心，主要目标是保障航天员长期在轨健康生活和高效工作，是医学与工程相结合的系统。

顺便介绍一个名词——"载荷专家"。2023年5月发射的神舟十六号飞船中，三名航天员就包括一名"载荷专家"。空间站里载荷专家的任务是承担一些空间科学实验。载荷专家一般是某一专业领域的专家，他们不同于航天员，航天员一般从飞行员的队伍中选拔，而载荷专家一般从科学技术或科学家的队伍中选拔。

空间站实质上就是一个建立在太空中的实验室，类似于地面上的实验室，它是科学家们的工作场地。所以，载荷专家就是工作在太空里的科学家。

（2）空间应用系统

空间应用系统主要负责载人航天工程的空间科学应用研究。空间应用系统的主要任务是利用载人航天器的应用支持能力，开展空间科学实验与应用研究，推动和引领空间科学与应用领域跨越式发展，取得重大科学成果和应用效益。

（3）载人飞船系统

载人飞船系统的主要任务是研制神舟系列载人飞船。神舟系列载人飞船是用于天地间往返运输人员和物资的载人航天器，具有完全自主知识产权及鲜明的中国特色。

（4）货运飞船系统

货运飞船系统负责为空间站或空间实验室运输补给物资和载荷，补加推进剂，在轨存储和下行废弃物资，任务结束后受控陨落于预定区域，还能配合完成其他试验任务。

（5）运载火箭系统

截至目前，共有三款运载火箭为中国载人航天工程贡献了力量，分别是长征二号F火箭、长征七号火箭和长征五号B火箭。它们的总体单位都是中国运载火箭技术研究院。

（6）发射场

中国载人航天工程发射场为酒泉卫星发射中心。发射场的主要任务是运载火箭、飞船、空间站、有效载荷和航天员系统装船设备在发射场的测试和发射，并提供相应的保障条件。

（7）测控通信系统

测控通信系统主要承担对火箭、航天器的飞行轨迹、姿态和工作状态的测量、监视与控制任务，提供与航天员进行视频和语音通信的通道，是航天器从起飞至任务结束过程中天地联系的唯一手段。

（8）空间实验室系统

空间实验室系统是开展空间试验活动的载人航天飞行器，规模小于空间站，可以认为是空间站的雏形。

（9）空间站系统

空间站系统的主要职能是负责中国天宫空间站的研制和建设。天宫空间站是由多模块在轨组装的空间实验平台，也是规模较大、长期有人参与的国家级太空实验室，可支持航天员长期在轨生活和工作，额定乘员3人，设计寿命至少10年。图1.3所示为中国空间站系统构型。

图1.3　中国空间站系统构型

（10）着陆场系统

着陆场系统的主要任务是为载人飞船返回舱选定安全的返回着陆场区，完成返回舱在返回着陆段的测控通信任务，搜索、寻找着陆后的返回舱，救援航天员，回收返回舱和有效载荷，并提供着陆场区的通信和气象保障服务。中国公开的载人航天着陆场包括四子王旗着陆场、东风着陆场等。

（11）光学舱系统

光学舱系统主要负责研制空间站巡天光学舱平台（图1.4），用于上行多功能光学设施。巡天光学舱有望单独发射入轨，将与空间站共轨飞行，支持多功能光学设施开展巡天和对地观测。

由此可见，航天系统是现

图1.4　巡天光学舱平台

代典型的复杂工程大系统，具有规模庞大、系统复杂、技术密集、综合性强，以及投资大、周期长、风险大、应用广泛和社会经济效益可观等特点，是国家级大型工程系统。组织管理航天系统的设计、制造、试验、发射、运行和应用，要采用系统工程方法，在航天工程实践中形成航天系统工程，进一步丰富和发展系统工程的理论和方法。完善的航天系统是一个国家科技水平和经济实力的主要标志，目前世界上只有为数不多的国家拥有这种实力，而中国就是其中之一。

第2章
航天器总体
工程师的
要求

SPACECRAFT DESIGN AND
NEW CONCEPT SPACECRAFT

如果将航天器总体设计与交响乐团演奏交响乐相比较，大多数人都了解音乐，但并不是每个人都可以演奏乐器，航天器总体设计也是如此。

而航天器总体工程师则应该像乐团指挥一样，不仅要知道音乐听起来应该是什么样（设计系统的组成和功能），而且要具有领导团队实现所需音效（满足总体要求）的能力。

2.1　总体工程师需要具备的能力

总体工程师需要具备的能力有：

① 了解数学、物理、力学和其他相关科学的基础知识，以及各工程师的专业技术能力。

② 至少精通一门技术或学科，同时还要了解多门学科。

③ 有明确的努力方向和最终目标。

④ 为实现目标制订计划和方法。

⑤ 选择和确定多学科团队要解决的技术问题。

⑥ 必须与团队成员经常沟通，交流任务目标和系统架构。

⑦ 负责系统完整性的设计。

⑧ 组织和领导多学科团队。

⑨ 负责成功交付产品或服务。

总体工程师必须有一定的语言表达能力和号召力。总体工程是开发可操作系统的技术和学科，需要满足强制约束条件下的要求。总体工程围绕某一指定对象展开，就本书而言，讨论对象便是航天器设计。航天器系统具有一定的整体性和综合性，它需要协调结构系统、控制系统、热控系统和电源系统，以及其他许多方面的总体任务，以设计出一个完整的系统。所以，总体工程的学问在于权衡与协调。因此，在总体设计工作中，"通才"胜于"专家"。

航天器还涉及分系统的需求和细节协调，分系统细节也非常重要。好比精准会计师对于首席财务官来说，是实现财务计划的重要帮手。但是，精准会计师不会区分财务计划的好坏，也不能帮助更好地制订好财务计划。同样，对于良好的航天器系统工程来说，精确地协调分系统之间的接口和需求是必要的，但是往往协调并不会去解决分系统实际面临的细节问题。总体工程师首先关注的是如何获得正确的设计，然后才是增强技术，并且用良好的计划流程来管理复杂大系统，从而打造出满足设计要求的航天器；同时，在系统设计中需要定义接口，尽量减少分系统之间的冲突，简化设计和制造过程。

值得一提的是，在航天器设计过程中：

① 总体工程师重点负责系统的技术设计和技术完整性。

② 总体指挥侧重于监督和管理多种技术学科、多个组织，以推进数百或数千人工作的计划流程。

2.2　如何成为一名合格的总体工程师

历史表明，许多仅由单一管理文化主导的项目往往会出现重大的不良后果。只关注系统管理的团队并不能创造出满足要求的航天器，而完全专注于技术问题的总体设计人员由于缺乏协调性，通常会增加成本或降低效率，也无法满足设计需求。

因此，为了最终的成功，必须培养在技术和管理方面都非常能干的总体工程师，他们既需要具备完成航天任务各个阶段所需的工程技术素养，也需要拥有过硬的团队管理能力，图2.1是其直观表达。

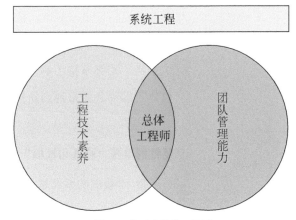

图2.1　航天器总体工程师

在任何项目中，保证系统在所有生命周期阶段都能正常运行是至关重要的。总体工程的范围以及总体工程师在项目中的相关角色通常由项目指挥和总师确定，总体工程师的任务和责任应该在项目早期便给予清晰划分。

下面进一步描述总体工程师需要完成的航天任务、开发和制造工作，进而介绍如何成为一名合格的航天器总体工程师。

（1）优秀总体工程师的特征

优秀总体工程师的特征如图2.2所示。

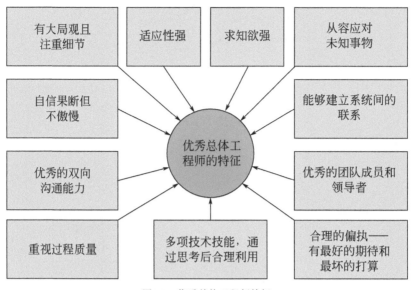

图2.2　优秀总体工程师特征

（2）求知欲比较强

成功的总体工程师最重要特征是求知欲，他们需要界定工作中的边界，以便更好地处理接口衔接问题，需要了解各领域的人员，并为其安排最适合的岗位。总体工程师还要了解每项工作对应的学科，始终坚持了解分系统专家们的工作内容、设计依据和解决问题的方式。所以，总体工程师会经常遇到新技术、新思想带来的挑战，他们必须永葆学习的热情。

（3）总体工程师要特别重视"验证和校核"

验证用于回答一个问题："我们的系统是否可行？"如果验证通过，则证明我们的产品符合要求。而校核用于回答另一个问题："我们是否建立了通过验证的指标？"如果我们通过了验证，则系统通常远不止满足要求这样简单。

好的总体工程师不仅是一名科研人员、开发人员、操作员，更是相关应用系统的"翻译"。例如，对于一位科学家而言，更注重发现并理解新生恒星和分子云核心之间的关系；但是对总体人员和运营商而言，则更关注："在2年内观察1000颗星，每5个月重复观测一次，需要应用4种有效负载仪器。"所以，了解项目目标的总体工程师有助于产品满足项目要求，并提高整个生命周期内保持系统运行的可行性，确保每个人彼此理解，使团队并驾齐驱。

一流的总体工程师必须了解任务或航天器中所有部件之间的联系，从而使各个分系统有机相连。他们必须经常协助团队中的成员，使他们了解各自系统和相关决策如何结合才能实现效益最大化。例如，卫星测控系统的设计者必须明白，其轨迹是姿态控制系统领域的一部分，而对姿态控制系统的评估是校验其是否精确指向观察目标，如果测控系统的设计人员不理解这一点，该项目必将陷入误区。

（4）协调与沟通的两面手

协调与沟通技巧是最大的推动力，总体工程师要能够走出办公室，去跟其他分系统进行沟通，并且拥有良好的听、说、写的能力。总体工程师成功的关键是能够看到、理解和传达总体思想，并有效地帮助他人制定方案。所以，总体工程师既是团队成员，也是项目领导者。

理想情况下，优秀总体工程师需要：

① 具备广泛的技术知识和专业知识，再加上卓越的执行力。

② 热爱工作并勇于挑战困难，具有面向不同个体的领导能力。

③ 具备创造力和工程素养，在能够预见固有风险和影响的同时，还要能够预见突发问题及其对项目的影响力。

（5）适应变化

总体工程师清楚，航天器设计变化是不可避免的。他们能预见变化，并理解变化如何发生，以及对系统有怎样的影响，同时还能妥善应对这些影响，甚至为应对这些变化彻夜不眠。

（6）克服不确定性

适应任务的不确定性是总体工程师的一项基本特质，而且他们必须接受这些不确定因素。通常不知道什么时候可以完成一道工序，甚至一项任务。仅仅知道项目需求还是不够，必须还要能解释不确定性。不确定性的方面极其复杂，因此具备概率和统计知识是非常重要的。例如，任务目标是对彗星探测，则彗核位置和彗尾长度，或者彗星的反照率可能均不确定。所以，总体工程师必须能够与团队合作设计出适应不确定性的系统。

（7）一定程度上的强迫性

总体工程师另一个重要的特点是适当的强迫性：他们追求完美，但却时刻准备应对最糟糕的结果。这意味着总体工程师需要不断检查整个系统的细节，以确保技术完整性。

（8）广泛的学科技能

总体工程师必须能够在不同的技术学科中应用相应的知识。优秀的总体工程师拥有大量技术学科的理论和工程经验，他们尊重专家的意见，并可以与大多数专家进行可靠的沟通。此外，他们还具有足够的对工程的熟练度，可学习并深入应用于系统的新技术领域。除了拥有广泛的技术能力之外，他们还必须是强大的技术领导者，系统工程师必须能指挥多种技术同步进行。

（9）自信心和决断力

总体工程师必须有自信，他们用其所知，但也不害怕遇到自己不懂的领域。总体工程师也不是从不犯错误，偶尔也会有错误发生。

（10）清楚项目计划流程的价值

优秀的总体工程师要清楚流程，但这并不意味着航天器设计只是一个单一程序，而是进程的，就像乐曲的谱子一样。让我们回顾本章开始叙述的比喻，为了演奏交响乐，演奏者使用他们的乐器、乐谱和音符，这些工具为他们提供了一个共同的参考框架，帮助他们保持协调一致，创造出美妙的音乐。计划流程为总体工程师提供类似的作用。但仅仅向一部分演奏者提供乐谱并不能保证整体演奏的成功。所以，乐团指挥家们都知道如何让演奏者发挥最佳水平，知道如何改变节奏来吸引听众。总体工程师也是如此，他们使用计划流程来完成工作，这也是总体设计师们所要研究的内容。

一个成功的总体工程师知道如何平衡技术管理与行政管理之间的尺度，这是成功所必需的一门艺术。

2.3　复杂系统设计对总体工程师的要求

本章前面已经将总体工程师定义为技术领导，给出了优秀的总体工程师们身上的共性特征，这些特征可以帮助他们顺利完成设计任务。

从获得系统设计权开始，在整个航天器设计生命周期中，必须保持其技术完整性，并从诸多体系结构与设计中选取以下内容：

① 体系结构包含体系的基本组织，包含其组成部分，彼此之间的关系和环境，管理其设计和演变的原则。

② 设计一个航天器，制定一个计划流程。为了实现这个目的，总设计师提出一些规则，总体工程师则利用规则进行设计。

③ 总体工程师在两个方面协助和帮助总设计师，一方面是研制航天器，另一方面还要保持其整个生命周期的完整性。

设计新的航天器任务是一项创新活动，大多数总体工程师的工作过程是：定义问题、建立方案约束条件，形成初步方案，分析初步方案，比较初步方案。最可靠的太空任务及其相关系统的设计通常是少数专家或小规模设计团队的工作成果，所以需要：

① 明确利益相关者的需求和项目成功标准。

② 确定关键的最高级别要求（通常为3～7）并选择对应标准。

③ 提出任务的内涵、体系和功能结构。

④ 制定任务内涵、体系和功能结构。

⑤ 在各个分系统之间设计关键接口。

⑥ 根据任务内涵、架构、操作和界定的界面，确立明确的要求。

（1）明确接口是关键

必须将接口的数量尽可能地减少，同时接口要尽可能简单。实际上，在整个生命周期中，需要遵循一些成熟的原则，并保持适当的控制裕量。

（2）任务分配要均衡

尽可能均衡地分配任务，以便所有分系统攻克问题。如果分配不当，不仅很容易提高成本和复杂性，还会引起新的问题。

（3）适度压力

一个项目必须同时满足其成本、进度和技术目标，权衡每个目标不是件简单的事。应该花多少钱让系统更好，多好才是足够好呢？需要多长时间和多少资金投入到某个问题？如果取消了一项测试，将面对怎样的风险，又该如何应对风险的发生？如果工程设计过于专注于创建完美的系统，会引起项目成本增加和进度拖延的问题。权衡目标的过程会非常纠结，或掺入个人因素，但必须保证最终共同目标的实现。

团队交流能够打破僵局，同时有助于及时作出决断，这一点至关重要。另外，团队交流可能会给彼此一定压力，但正是这种适度压力才能催化航天部门的成功。

（4）把握设计裕量

优秀的总体工程师懂得怎样把控功率、质量、额外投入等指标。但更重要的是，他们知道如何设置合理的裕量。裕量是什么？裕量是标准要求和实际设计能力之间的差别，如果需要在航天系统中设置标准，保证裕量的一种有效方式是设定更高级别的标准和要求（包括一级标准，也称之为应急要求）。如果能够达到这个应急要求，通过测试，并且正确地运行，就会创造更好的设计能力。

在图2.3中，外部形状反映实际能力，

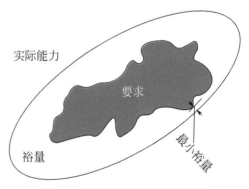

图2.3 实际能力和要求之间的裕量

内部形状表示要求，两者之间的空间表示裕量。图的右侧，实际能力与要求之间的间隙反映最小裕量。

（5）寻找差距

寻找差距将帮助总体工程师建立自信。在设计过程中忘了什么？哪些要求不完整？项目要求、架构、设计和运营概念之间的脱节在哪里？必须仔细考虑所有系统接口，并在这些接口的另一端查找可能干扰系统的内容。经过这样寻找差距，往往会发现一些功能或接口没有被充分定义。

（6）稳定性设计

稳定性设计致力于提高系统、产品和服务的可靠性。用于描述可靠设计的其他术语包括弹性、鲁棒性、灵敏度和容错。

稳定性设计是成功执行任务的关键，它在整个运行周期内保证系统在各种条件和外部影响下都能始终如一地按照预期执行，并且抵抗随机信号的干扰。

（7）建立处理意外的对策

优秀的总体工程师应该研究航天器故障，深入了解故障根源。在《阿波罗：月球之旅》中，航天员对阿波罗 13 号氧气瓶的爆炸事件提供了一系列数据，成为研究此次任务失败的重大依据；同时，航天员和地面人员共同努力，完成了拯救宇航员生命的应急预案。

2.4　总体工程师的历练

正确的系统设计是研制、测试和发射航天器的关键第一步，但这只代表最终完成任务的百分之十工作量，剩下的百分之九十工作量是利用可靠的流程来保持系统技术的完整性以及管理的科学性。

在航天器整个生命周期中，无论设计得怎样好，也要经历严密研制管理流程和管理手段。否则，即使是设计无误，也很有可能达不到预期目标，浪费了资金和时间。因此，在项目发展到更大和更复杂阶段时，总体工程师必须严格按照研制流程处理诸多技术问题。

缺乏严谨的研制流程往往容易导致灾难性后果，但过多的流程又太过拘束。所以，总体设计部面临的挑战是培养具有良好工程判断能力的总体工程师，他们知道如何平衡这种矛盾。由于总体设计既是一门技艺，也是一种科学，因此复杂系统所需的许多高效的技能和能力都不是在学校学到的，而是通过实践获得的。研制流程非常重要，但它们不能取代有能力的总体工程师。类似地，研制流程也不会自动地培养出好的总体工程师。如果希望成为一名合格的总体工程师，应该去历练。

（1）做好准备

有抱负的总体工程师如何为这样的挑战做好准备？美国一位航天总体设计师说："如果我有八个小时的时间砍倒一棵树，我会花六个小时磨斧子。"但是磨砺斧头的最好方法是什么？

如果你是一位有抱负的总体工程师，那么就应该具备前面所述的个人特征，并熟练掌握系统工程理论。然后，确定需拥有哪方面的能力和经验，以及仍需要学习研究的方面。一旦清楚了自己的能力，最好的（有些人认为是唯一的）学习系统工程的方法就是实践。

（2）培养工程领导力

① 培养领导技巧：通过团队合作取得对他人的影响力，通过交流技术方法建立信任关系，以及热心指导和帮助经验较少的总体工程师。

② 培养态度和品质：建立自信心，保持求知欲，具备应变的能力，并时刻保持适当的怀疑态度。

③ 培养沟通能力：有效推进思想，促进双向讨论，通过举例或类比进行沟通，倾听并传达有效信息。

④ 培养解决问题的能力和批判性思维：管理风险、批判性思考、深入透析问题。

⑤ 培养技术敏感度：广泛了解、学习、掌握新技术，总结成功和失败的经验教训来为设计更好的系统服务。

第3章
卫星
拟人化

SPACECRAFT DESIGN AND
NEW CONCEPT SPACECRAFT

近年来，火箭和卫星设计正在逐渐进入青少年创新能力的培养范畴，那么为什么航天器设计能够走向青少年科技创新教育？在"中国航天日"期间，为弘扬航天精神，激发公众创新思维，一些组织机构推出各类航天器设计大赛，参赛作品包括：空间3D打印机器人、月球蚂蚁、空中飞人、载人登月等，不少作品让人脑洞大开。

"拟人"为语言文学的修辞方法，指把事物像人一样来写，把本来不具备人的一些动作和感情的事物变成和人一样，就像童话里的动物、植物能说话，能大笑。

在航天系统工程中，各类报道中经常提到卫星、飞船或火箭等航天装备，如"卫星比武"这一句话就把卫星与卫星之间的竞争关系拟人化。

本章用拟人化表述卫星的目的就是让读者，特别是青少年，花几分钟时间来熟悉卫星知识、了解卫星技术，瞬间使航天器不再被神秘化。

从卫星的整体看，卫星由"外衣"和"内部器官"组成，它的"外衣"包裹着"内部器官"，如图3.1所示。

"内部器官"由卫星共有部分和卫星特殊部分组成。卫星共有部分包括结构、姿态控制、推进器、电源与电缆网等。卫星特殊部分是指其载荷。

卫星的载荷随卫星任务的不同而有所区别，如通信卫星的转发器、地球资源卫星和侦察卫星的遥感相机、科学卫星的探测仪器等。

对于卫星共有部分中的各类分系统，几乎可以与人体结构一一对应。

图3.1　北斗卫星的外部和内部

（1）结构分系统

卫星的结构分系统就好像支撑整个人体的支架（图3.2），使卫星具有一定外形和容积，并保证适当的强度和刚度。这些内部空间可以用来装载各种各样的载荷和各种子系统构件。这种框架的功能在于为所有的载荷和系统硬件提供结构上的支持，这种支持需要适应各种环境（尤其是发射时的严苛环境）。

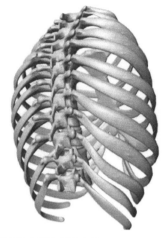

图3.2　航天器的结构分系统如同人体内部的骨骼支架

（2）姿态控制分系统

卫星的姿态控制分系统就好像人的小脑保持肢体的平衡，使卫星在轨道运行时保持一定姿态，不会随意翻滚。例如，对地勘测卫星，始终保持星载摄像机指向地球。姿态控制器一般采用大量聚集在航天器周围的小型推进器，通过点火作用产生控制力矩（图3.3）。

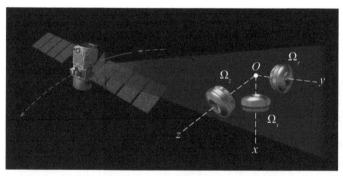
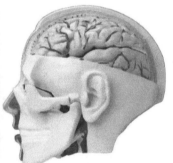

图3.3　人体小脑功能与航天器姿态控制系统功能类似

（3）温控分系统

卫星温控分系统就好像人体的皮肤和外衣，保持人体内部舒适的温度，北斗卫星的外表采用金色铝箔包裹（图3.4）。温控分系统的主要任务就是为卫星提供一个合适的热环境，来保证载荷和其他系统正常可靠地工作。对卫星而言，温控分系统的质量所占的比例虽然很小，但是其在航天器上的覆盖面却是非常大的。

图3.4　温控分系统的功能类似人们的衣服

（4）遥测遥控分系统

卫星遥测遥控分系统就好像人的嘴和耳朵，属于对外交流器官，帮助卫星与地面保持联系，是接收和发射信息的设备。以北斗卫星为例，锅盖一样的设备就是它的耳朵（图3.5），用来接收地面传输的指令；朝向地球的密集天线阵列则是卫星的嘴巴，用于下传卫星数据。

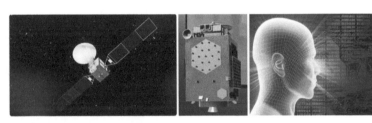

图3.5　遥测遥控分系统的功能相当于人类的五官

（5）电源分系统和内部电缆网

卫星电源就好像人体的心脏，为卫星设备提供电能；而卫星内部的电缆网就好像人体的血管（图3.6），为有效载荷和其他分系统输送电能。电源分系统对卫星的正常运作至关重要，一旦电源发生故障或短暂中断，就会带来一场重大的灾难。

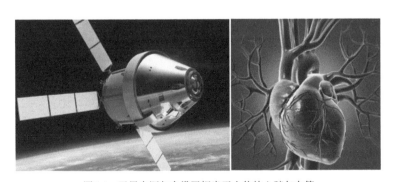

图3.6　卫星电源与电缆网相当于人体的心脏与血管

（6）卫星推进分系统

卫星推进分系统的主要功能是使用火箭发动机将航天器送达近地空间或太空中预定任务点，同时还可以进行轨道控制。几乎对所有卫星，推进系统都是必备的，因为它实在是太重要了，就像人的脚和腿为人体提供行动能力（图3.7），它可以帮助卫星修正太空环境造成的轨道偏移。

（7）星载计算机（数管分系统）

星载计算机就好像人的大脑（图3.8），用于储存各种程序，进行信息数据采集和数据处理，实施操作控制和运行管理，对整个卫星实现统帅作用。同时，可以在卫星内部进行信息共享和综合利用，允许各分系统之间进行数据交换，保证卫星各个系统正常运转，也保证系统之间的通信正常。

图3.7　卫星推进系统相当于人类的腿和脚　　　　图3.8　星载计算机系统相当于人的大脑

（8）卫星上的各类敏感器

卫星包含很多敏感器，如太阳敏感器、星敏感器、地球敏感器等。它们就好像人的感知器官，负责确定卫星所处轨道位置和卫星姿态，以帮助姿态控制器和卫星推进系统的进一步工作（图3.9）。

图3.9　卫星上安装的各类敏感器相当于人体的各类感知器官

机器人航天器

机器人（Robot）的一种定义是：它是自动执行工作的机器装置。它既可以接受人类指挥，又可以运行预先编排的程序行动。它的任务是协助或取代人类的工作，如生产业、建筑业，或是危险的工作。

十年前，在美国出版的一系列卫星丛书中，已经将卫星称为"Space Robot"（空间机器人）。从今天的发展来看，"人造卫星"就是一台人造的机器，它们以圆形或椭圆形轨道围绕着地球做周期性运动，与此同时，还要按照预先设定好的飞行程序，自主地完成太空飞行任务，如对地球照相、对其他天体照相，或转发无线电信号。

目前，国外很多科幻作家和绘画艺术家将航天器与绘画结合，如日本和美国通过将航天器拟人化，面向青少年开展科普传播活动（图3.10）。

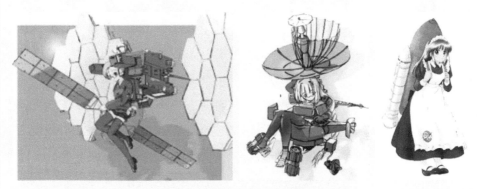

图3.10　航天器与艺术融合的绘画作品

另外，还有一种机器人航天器（Robotic Spacecraft），它是一种无人驾驶航天器，通常是在遥控机器人控制下工作。而设计用于进行科学研究测量的机器人航天器通常被称为太空探测器。由于其成本较低且风险因素较低，许多太空任务更适合遥控操作而非人工操作。此外，根据目前的技术，一些行星目的地，如金星或木星附近，对人类的生存过于敌视，像土星、天王星和海王星这样的外行星太遥远，无法通过目前的载人航天技术到达，因此，远程机器人航天器是探索它们的唯一方法。

第4章
航天器的
轨道与星下点
轨迹

SPACECRAFT DESIGN AND
NEW CONCEPT SPACECRAFT

4.1　太空飞行与大气层内飞行的区别

飞行器在大气层内和大气层外飞行时主要有三个方面的不同。首先，在大气层内飞行的飞行器速度与它的飞行路线以及飞行高度没有直接关系，如几架飞机可以以不同的速度飞行在同一飞行路径上。而卫星的轨道和它的飞行速度是严格相关的，例如，对于圆轨道来说，在相同轨道高度上的卫星一定具有相同的飞行速度；而轨道高度不同的卫星，其飞行速度一定不同。这种高度和速度的关系将严格限制太空飞行器的行为。

其次，在大气层内飞行的飞行器不但需要借助空气使其飘浮在空中，同时还需要借助空气来做机动飞行。就如同船在水中行驶，利用桨和舵划水进行机动一样，在大气层内飞行的飞行器通过翼和舵反推空气来改变方向。而在太空中，高真空的环境使这一切就变得不可能了，所以卫星必须用小发动机来做机动。

最后，由于空气的阻力会持续降低在大气层内飞行器的飞行速度，因此在大气层内飞行的飞行器必须保持连续的动力来维持飞行，但太空中的卫星飞行的情况却不同。为把卫星送入轨道，需要用到火箭推进器，而一旦卫星进入其环绕地球的轨道，它就不再需要发动机来提供动力了。例如，月球就是一个天然的绕地球旋转的卫星，它可以持续地绕地球运动而不需要任何动力来源。

4.2　开普勒定律和宇宙速度

航天器在空间航行的轨迹称为轨道，航天器由运载火箭发射升空到完成全部飞行任务返回的整个过程，通常包括发射入轨段、在轨运行段和返回再入段，相应的有发射轨道、运行轨道和返回轨道。航天器在轨道运行段完成航天飞机的全部飞行任务，在轨道运行段飞行的航天器，绝大部分时间是在地球引力作用下的无动力惯性飞行，在本质上它与自然天体的运动一致，因此，研究航天器的运动可采用天体力学的方法。

4.2.1　开普勒定律

几个世纪以来，天文观测者一直面临着如何解释天体运动的挑战。亚里士多德认为，圆周运动是唯一合乎自然的完美运动，因此天体必定做圆周运动。而德国天文学家开普勒根据丹麦天文学家古·布拉赫多年观测积累的资料，发现这种理论与观察存在着差异，通过大量的理论计算与归纳总结，于1609—1619年先后归纳提出了具有划时代意义的开普勒三大定律。

第一定律（椭圆定律）：所有行星绕太阳的运行轨道都是椭圆，而太阳则位于椭圆的一个焦点上。

第二定律（面积定律）：在相等的时间内，行星与太阳的连线所扫过的面积相等。

第三定律（调和定律）：行星运动周期的平方与行星至太阳的平均距离的立方成正比，即行星公转的周期只和半长轴有关。

开普勒三大定律描述了行星运动所遵循的规律，该定律同时也适用于航天器绕地球的运动，因此至今仍被广大天文工作者及从事航天事业的科技人员所用。

如果把卫星看作行星，把地球看作太阳，那么开普勒定律也适用于卫星运动，因而有以下运动规律：

① 卫星的运行轨道是个椭圆（圆轨道是椭圆轨道的特例），地球在它的一个焦点上。不论向哪个方向发射卫星，卫星轨道一定通过赤道，轨道面通过地心。

② 卫星和地心连线在同一时间内扫过的面积相等。也就是说，卫星的速度在近地点处最大，在远地点处最小。

③ 卫星运行的周期只和半长轴有关。只要半长轴相等，周期也相同。

4.2.2 三大宇宙速度

人类的航天活动，并不是一味地要逃离地球。特别是当前的应用航天器，需要绕地球飞行，即让航天器做圆周运动。宇宙速度是物体从地球出发、在天体的重力场中运动、三个有代表性的初始速度的统称。

第一宇宙速度（又称环绕速度）：是指从地面发射航天器时，使其环绕地球运动所需的最小速度，大小为7.9km/s。物体的运动速度达到7.9km/s时，它所产生的离心力正好与地球对它的引力相等。若发射速度小于这个数值，卫星就不能绕地球飞行，当卫星速度大于这个值时，就能进入地球飞行轨道。

随着高度的增加，地球引力下降，环绕地球飞行所需要的飞行速度也降低，所有航天器都是在距离地面很高的大气层外飞行，所以它们的飞行速度都比第一宇宙速度低。第一宇宙速度有两重意义，它既是发射航天器时的最小初速度，也是航天器在绕地球飞行时的最大环绕速度。

第二宇宙速度（又称逃逸速度）：当卫星速度大于11.2km/s时，物体完全摆脱地球引力束缚，沿着一条抛物线轨道脱离地球进入环绕太阳运行的轨道，不再绕地球运行。各种行星探测器的起始飞行速度都高于第二宇宙速度。

第三宇宙速度：从地球起飞的航天器飞行速度达到16.6km/s时，就可以摆脱太阳引力的束缚，脱离太阳系进入更广袤的宇宙空间，这个从地球起飞脱离太阳系的最低飞行速度就是第三宇宙速度。

4.3 图解航天器轨道知识

理论上，针对限制条件下的两体问题，可以建立一个航天器轨道运动学方程，用严格的数学方程描述航天器如何在空间中运动。但是，在很多情况下，仅仅用数学方法描述航天器在惯性空间中的位置和速度是不够的。通常，还需要给出星下点轨迹，如通过遥感图像观测地球上的洪水灾害（图4.1）。

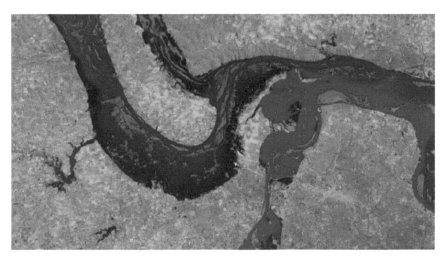

图4.1 卫星拍摄的地球洪水灾害的遥感图像

用两个重要的工具——轨道根数和星下点轨迹，可以帮助人们"看到"航天器的运动，一旦熟悉了星下点轨迹，人们就可以借助轨道根数来想象和勾画航天器轨道形状。而星下点轨迹则决定了航天器何时进入地球的某些区域，也就是地球上的观察者何时可以看到航天器。

4.3.1 轨道六根数

如果你正在驾驶一架飞机，地面控制人员通过无线电呼叫你，询问你在哪里和要去哪里，你必须通报飞机的6个数据：纬度、经度、高度、水平速度、航向（即北、南等）、垂直速度（上升或下降）。获得了这些数据，地面控制人员就可以预测飞机未来的位置。

类似的情况，航天器在太空中飞行，地面测控人员不会问航天器在哪里，但他们可以用雷达跟踪测量航天器的位置 R 和速度 V。这些信息有助于人们预测航天器未来的位置和速度。这里的位置 R 和速度 V 都是由三个分量组成的向量。但不同于飞机的经纬度，R 和 V 对航天器轨道的确定用处不大。

例如，假设给定了航天器的当前位置和速度：

$$R = 10000I + 8000J - 7000K \text{（km）}$$

$$V = 4.4I + 3.1J - 2.7K \text{（km/s）}$$

关于轨道的大小和形状，或航天器的位置，R 和 V 能告诉人们什么？

用前面介绍的知识，唯一能做的就是在三维坐标系中画出轨道图。400多年前，开普勒发明了一种描述轨道的方法，使人们能够对它们的大小、形状和方向，以及航天器在其中的位置进行可视化描述。因为需要6个量来描述轨道和航天器在空间的位置，开普勒定义了6个轨道根数，被人们称为轨道六根数。

定义轨道六根数如下：

① 轨道尺寸：半长轴。

② 轨道形状：偏心率。

③ 轨道平面在空间中的方向：倾角和升交点赤经。

④ 轨道在平面内的方向：近地点幅角。

⑤ 航天器在轨道中的位置：真近点角。

根据能量守恒定律，得到航天器轨道尺寸与其单位机械能的关系：

$$\varepsilon = -\frac{\mu}{2a}$$

式中，ε 为单位机械能，km^2/s^2；μ 为中心体的引力参数，km^3/s^2；a 为轨道半长轴，km。

半长轴 a 描述了轨道长轴长度的一半，称其为第一个根数。

考虑轨道尺寸，还应该知道轨道形状，它描述了圆锥截面的"非圆度"，即它的离心率。

离心率是通过计算两个焦点之间的距离与主轴长度的比率来描述轨道的形状（图4.2）：

$$e = -\frac{2c}{2a}$$

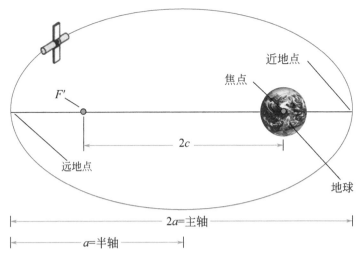

图4.2　半轴a是椭圆主轴的一半，椭圆的焦点（F和F'）之间的距离是2c

轨道形状与离心率之间的关系如表4.1所示。

表4.1　轨道形状与离心率之间的关系

圆锥曲线类别	离心率
圆	$e = 0$
椭圆	$0 < e < 1$
抛物线	$e = 1$
双曲线	$e > 1$

已经知道了描述轨道的两根数：轨道尺寸a和轨道形状e。现在讨论轨道在空间中的方向。因为角动量是恒定的，轨道平面在惯性空间是静止的。为了描述其方向，这里的参考惯性坐标系采用"地心-赤道坐标系"，如图4.3所示。在这里，描述向量之间的角度用点积，然后角度转为弧度。描述轨道相对于坐标系的方向的角度称为倾角。

倾角是描述轨道平面相对于基面（赤道平面）的倾斜程度，也可以把这个倾斜描述为两个平面之间的夹角，但这在数学上很难表述。所以，可以将倾角定义为两个向量之间的夹角：一个垂直于轨道平面（角动量向量h），另一个垂直于基本平面$\hat{K}$，如图4.4所示，倾角范围为$0° \sim 180°$。

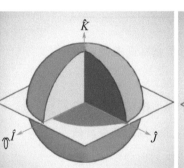

图4.3　地心-赤道坐标系

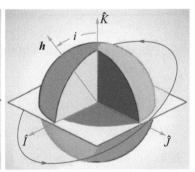

图4.4　轨道倾角

利用倾角可以定义几种不同类型的轨道（表4.2），例如，倾角为0°或180°的轨道是赤道轨道，因为这时航天器总是在赤道上空。对于倾角为90°的轨道，称为极轨道，因为航天器穿越北极和南极。还可以利用轨道倾角的值，区分两类主要的轨道，如果$0° \leq i < 90°$，则航天器随地球自转（自西向东）运动，且航天器处于直接轨道或进动轨道；如果$90° \leq i < 180°$，航天器正从地球自转（自东向西）相反方向运动，此时航天器处于间接轨道或逆行轨道。

表4.2 轨道类型和倾角

倾角	轨道类型	示意图
0°或180°	赤道轨道	
90°	极地轨道	$i=90°$
$0° \leq i < 90°$	顺行轨道	升交点
$90° < i \leq 180°$	逆行轨道	升交点

所以，轨道倾角为航天器轨道的第三个根数，它是指轨道面相对于基本面的倾斜程度，也可以理解为轨道相对于赤道的方向。

第四个轨道根数也是一个"角度"，称为升交点赤经Ω，它是用来描述相对于轨道主方向的方向。这个术语听起来很复杂，所以需要把这个术语分成两个方面介绍。首先，什么是"赤经"？它与经度相似，只是它的参考点是春分点，而且它不会随着地球旋转而旋转。所以，升交点的赤经是沿着赤道测量的一个角度，从$\hat{I}$方向开始（显然，在坐标系定义中，定义了$\hat{I}$指向春分点）。

现在，再来看看这个术语的另一部分——"升交点"（或任何类型的节点）。正如刚才所描述的，轨道面相对于基本面（除非$i = 0°$或$180°$）正常地倾斜。从平面几何中，你可能还记得两个平面相交会形成一条直线。在这个例子中，轨道平面和基本平面的交点就是节点的连线，轨道穿过赤道平面的两点是节点。航天器从赤道的下方（南半球）到赤道的上方（北半球）的节点就是升交点（图4.5）。同样，当航天器越过赤道向南飞行时，将穿越下降节点。

现在让我们把"升交点"和"赤经"放在一起。升交点赤经描述了轨道平面相对于主方向的方向。也就是说，轨道平面在空间中是如何旋转的呢？使用春分点方向，也就是$\hat{I}$（惯性参考）作为起点，沿着赤道向东测量到升交点。因此，升交点赤经Ω是从主方向到升交点的角度。它就像一个天体地图参照物，给出轨道的旋转，帮助人们更好地了解航天器在空间中的方位。现在已经介绍了轨道六根数中的4个根数了。

让我们简单说明一下我们身在何处。已知轨道大小a、轨道形状e、轨道倾角i以及轨道升交点赤经Ω，但不知道轨道在平面内是如何定向的。例如，对于一个椭圆轨道，需要知道近地点（距离地球最近的点）是位于北半球还是南半球。因此，第五个轨道根数，就是沿轨道路径的升交点与近地点的夹角，并称之为近地点幅角ω（图4.6）。为了消除歧义，规定在航天器运动方向上测量这个角度。

在指定了轨道的大小、形状以及它的方向（倾斜和旋转）之后，需要找到航天器在轨道中的位置，所以，可以用真近

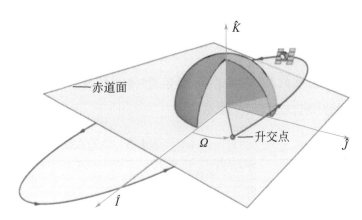

图4.5　升交点和升交点赤经Ω

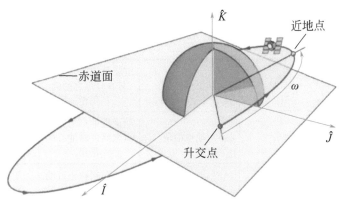

图4.6　近地点幅角描述了航天器在其轨道平面内的运动方向
（升交点与近地点之间的夹角ω）

点角来确定这一点。真近点角v为近地点到航天器位置矢量沿轨道路径的夹角（图4.7），它的取值范围是$0° < v \leqslant 360°$。

真近点角v告诉我们航天器在其轨道上的位置，它是在航天器运动方向上的近地点与航天器位置矢量之间的角度，而且在轨道六根数中，只有真近点角v是随着航天器在其轨道中运动和变化的。

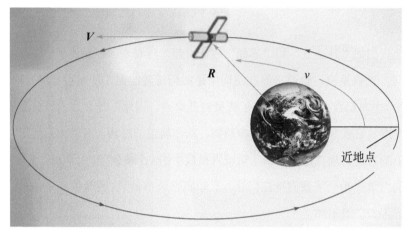

图4.7　真近点角v指定航天器在轨道内的位置

现在我们大致理解了航天器轨道六根数的名称、符号、含义以及取值范围，表4.3是对航天器轨道六根数的总结。

表4.3　轨道六根数

根数符号	名称	含义	取值范围	特殊情况
a	半长轴	轨道大小	取决于曲线	无
e	偏心率	轨道形状	$e = 0$：圆轨道 $0 < e < 1$：椭圆轨道	无
i	倾角	指参考平面和另一个平面或轴的方向之间的夹角	$0° \leqslant i \leqslant 180°$	无
Ω	升交点赤经	卫星轨道的升交点与春分点之间的角距	$0° \leqslant \Omega < 360°$	当轨道倾角i=0°或180°时（赤道轨道）
ω	近地点幅角	轨道近地点与升交点之间，对地心的张角	$0° \leqslant \omega < 360°$	当轨道倾角i=0°或180°时，或当偏心率等于0时
v	真近点角	某一时刻轨道近地点到卫星位置矢量的夹角	$0° \leqslant v < 360°$	当偏心率等于0时（圆形轨道）

4.3.2 轨道计算案例

现在，你也许想知道这些轨道六根数怎样应用。这里通过一个例子体会一下，看看它们是如何帮助我们直观化一个航天器轨道的。假设一个通信卫星具有如下轨道六根数据：

① 半长轴，$a = 50000km$。

② 偏心率，$e = 0.4$。

③ 倾角，$i = 45°$。

④ 升交点赤经，$\Omega = 50°$。

⑤ 近地点幅角，$\omega = 110°$。

⑥ 真近点角，$v = 170°$。

如图4.8所示，首先根据半长轴和偏心率，可以画出轨道的大小和形状。偏心率为0.4表示椭圆轨道（它介于0和1之间）。

已知轨道倾角为45°，它是指特定角动量矢量与地心赤道坐标系之间的夹角。因此，可以勾画出如图4.9所示的两个平面在三维空间上的构型。

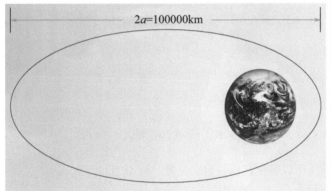 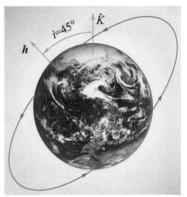

图4.8 卫星的轨道大小与形状　　　　　图4.9 轨道倾角

为了确定轨道平面相对于主方向的运动，利用升交点赤经Ω。在赤道平面定位主方向后，可以通过定位矢量以东50°的升交点来旋转轨道平面，于是就得到如图4.10所示的轨道。

现在已经完全明确了轨道的大小、形状以及轨道平面在空间的方向，但是还不清楚轨道是如何在平面内定向的，这就需要利用近地点幅角（ω）来确定。为了在轨道平面内求得近地点，从升交点沿航天器运动方向旋转110°即可，图4.11表述了如何在轨道平面内进行轨道定向。

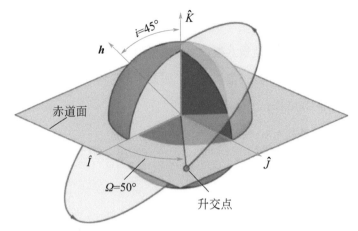

图4.10　升交点赤经为50°的轨道示意图

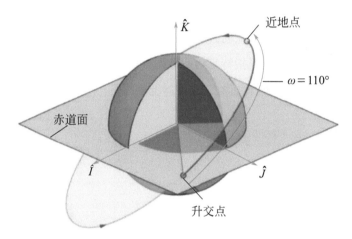

图4.11　从升交点逆时针转110°就确定了轨道的近地点

最后，在轨道内利用真近点角v可以确定在轨卫星的位置（图4.12）。

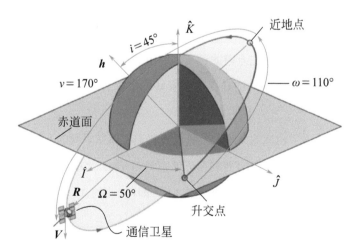

图4.12　从近地点逆时针转170°就可以找到通信卫星

不同的任务需要不同的轨道，地球静止轨道是周期约为24小时、倾角为0°的圆轨道，所以通信卫星通常部署在地球静止轨道。地球同步轨道为倾斜轨道，周期约为24小时；半同步的轨道周期为12小时；太阳同步轨道是低地球轨道，通常倾斜95°～105°，因为它们几乎会扫过地球表面的每个点，所以经常用于遥感任务。闪电轨道是一种半同步的椭圆轨道，倾角为63.4°，其近地点幅角为−90°，轨道周期为12小时。

现在，我们已经知道了经典的轨道六根数，但是轨道六根数并不总是有效。例如，圆形轨道就没有近地点，在这种情况下，没有近地点幅角ω或真近点角v，因为两者都以近地点为参考。为了纠正这一问题，引入了一个替代轨道要素来替换这两个缺失的角度。一般来说，当遇到一个或多个未定义轨道根数的特殊轨道时，从航天器的位置矢量回溯到定义的下一个量。例如，对于圆轨道而言，不用真近点角来定义位置，而用纬度幅角u（从升交点到航天器运动方向上轨道路径的纬度幅角），如图4.13所示。

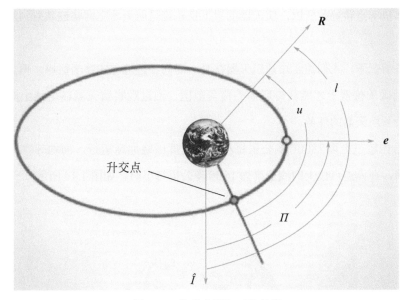

图4.13　u为维度幅角，Π为经度

另一种特殊情况是赤道椭圆轨道（$i=0°$或$180°$）。在这种情况下，赤道和轨道平面之间的交线缺失了（节点的连线），因此升交点不存在。升交点赤经Ω和近地点幅角ω都属于未定义。这时用另一个元素替换，即近地点经度Π，它是从主方向$\hat{I}$到在航天器运动方向上的近地点的角度（图4.13）。

最后，一个赤道圆轨道既没有近地点，也没有升交点，所以升交点赤经Ω、近地点幅角ω和真近点角v都是未定义的。这时可以利用真黄经l来代替所有的缺失元素，即在航天器的运动方向上从主方向$\hat{I}$到航天器的位置矢量R的角度。表4.4总结了这些替代元素。

表4.4　替代轨道元素

元素符号	名称	取值范围	适用情况
u	纬度幅角	$0° \leqslant u < 360°$	没有近地点（$e = 0$）时使用
Π	近地点经度	$0° \leqslant \Pi < 360°$	没有升交点时使用
l	真黄经	$0° \leqslant l < 360°$	既没有近地点也没有升交点时使用

4.4　航天器星下点轨迹知识

轨道六根数可以使航天器空间轨道可视化。现在回到地球，观察航天器在地面的投影轨迹，也称星下点轨迹。所以，航天器的星下点轨迹是航天器空间轨迹映射到地球表面的投影。

在很多情况下，人们需要知道航天器在某一时间经过地球的哪个区域。例如，遥感卫星必须在精确的位置上才能获得所需的覆盖范围。通过观察航天器在地球上的星下点轨迹，可以了解航天器的任务。

航天器在轨道上以28000多公里每小时的速度围绕地球运行，而地球本身又在围绕自转轴自转，在赤道点位上的线速度为1600多公里每小时，如图4.14所示。

图4.14　地球与航天器的几何关系

那么，图4.14所示的卫星星下点轨迹是什么样子的？为了简化问题，假设地球不自转，卫星沿着空间轨道运动就会在地球表面画一条轨迹，地面轨迹遵循一条绕地球的大圆路径，这个大圆是任何"穿过"球心的圆。例如，经度线是大圆，因为它们切过地球中心，而纬度线不是大圆（除赤道外）。卫星轨道星下点轨迹必须是一个大圆，因为航天器在绕地球中心的轨道上运行，因此，轨道平面也穿过地球的中心。

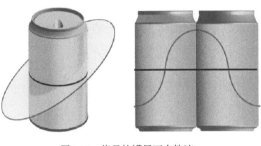

图4.15 绕易拉罐星下点轨迹

当我们将地球延伸到一个平面地图投影（称为墨卡托投影）时，星下点轨迹看起来有点不同。为了直观地观察这种扁平化对轨迹形状的影响，将地球想象成易拉罐。易拉罐上的轨迹如图4.15所示。它看起来像一个圆圈，穿过罐子的中心。但是如果把罐子拉平，再看看卫星轨道的星下点轨迹，它看起来像一个正弦波。

现在想象一下，在地面上看着航天器从头顶经过，由于假设地球停止自转，地面星下点轨迹将始终保持不变，航天器在轨道上将一次又一次从头顶经过，即使我们改变了轨道大小和形状，星下点轨迹看起来也应该是一样的。

现在，假设地球开始自转了，这时又会发生什么呢？航天器在一条空间轨道上通过头顶，但似乎下一个圈的星下点轨迹在你西侧。这怎么可能呢？由于在惯性空间中轨道平面是不可移动的，所以航天器保持在同一轨道上。但你固定在地球上，当地球向东旋转时，你就离开了卫星轨道的原来投影点位，看起来像是航天器在移动，所以，随着时间的不同，每条星下点轨迹都比前一条星下点轨迹在地球上向西移动。

由于地球以约15°每小时，或0.25°每分钟的固定速度旋转，可以用这个旋转作为"时钟"来告诉人们卫星轨道的周期。通过测量轨道的星下点轨迹，从一条星下点轨迹，向西移动到下一条星下点轨迹，建立一个新的参数，称为节点位移 ΔN。测量沿着赤道从上一个节点到下一个节点的 ΔN，并将其定义为航天器运动方向上的正值。因此，一个星下点轨迹向西的节点位移是360°和 ΔN的差值。

假设一个轨道的周期是两个小时。在卫星一圈轨道旋转过程中地球会旋转30°（2小时×15°/小时），产生330°（360°−30°）的节点位移。对于 ΔN，周期计算为

$$周期 = \frac{360° - \Delta N}{15°} \qquad (4.1)$$

注：该方程仅适用于周期小于24小时的直接轨道。对于其他轨道，只是概念适用，但方程发生变化。这里只考虑周期小于24小时的直接轨道星下点轨迹，因此这个等式就足够了。如果我们可以确定周期，也可以利用轨道的半长轴通过式（4.2）计算周期。

$$周期 = 2\pi\sqrt{\frac{a^3}{\mu}} \qquad (4.2)$$

此外，还可以通过 ΔN 计算周期，进而计算半长轴。

随着航天器轨道尺寸的增大，半长轴变大，因此 ΔN 变小，地面轨道似乎压缩或挤压在一起了。回想一下，我们将地球同步轨道定义为一个周期约为 24 小时的轨道。对于这样的轨道，ΔN 为 0°。这意味着航天器的周期与地球的旋转周期匹配。因此，轨道似乎回溯到自身，呈 "8" 字形。如果轨道位于赤道平面，地面轨道将只是赤道上的一点。一个周期为 24 小时、倾角为 0° 的航天器处于地球静止轨道。这个名称意味着航天器在地球观测者看来是静止的，这使得这些轨道对通信卫星非常有用。一旦将接收天线指向卫星，就不必随地球旋转时移动天线。

除了利用地面星下点轨迹确定航天器轨道的半长轴外，还可以找到航天器轨道倾角。想象一个在 50° 倾斜轨道上的航天器。从对倾角的定义可知，在这种情况下赤道面和轨道面之间的夹角是 50°。航天器将直接经过的最高纬度是什么？是 50° 吗？任何航天器经过的最高纬度等于它的倾角，现在来分析一下，看看为什么。

纬度是以地球为中心的角度，从赤道以北或以南测量到有关点。但是航天器轨道面也穿过地球的中心，而它与赤道平面形成的夹角就是它的倾角，如图 4.16 所示。因此，对于直接（顺行）轨道，当航天器到达其最北点时，其正下方地球上的点位于等于轨道倾角的纬度线上。

如此一来，我们就可以利用星下点轨迹来求解航天器的轨道倾角：

对于直接轨道（0° < i < 90°），我们在星下点轨迹上找到最北或最南点，并读取其纬度。这个最高纬度就等于轨道倾角。

对于逆行轨道（90° < i < 180°），我们可以从 180° 减去最大纬度得到轨道倾角。

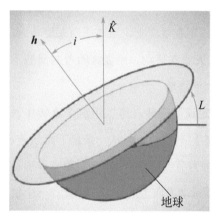

图4.16　倾角等于最高纬度

航天器任务所需的地球覆盖范围影响着我们如何选择轨道倾角。例如，一个遥感卫星需要在飞行任务期间查看整个地球表面，它需要大约 90° 的近极地倾角。

到目前为止，我们只观察了圆轨道。现在让我们来看看离心率和近地点的位置如何影响星下点轨迹的形状。如果轨道是圆的，它的星下点轨迹是对称的；如果轨道是椭圆的，那么它的星下点轨迹是不对称的。也就是说，它不会在赤道上方和下方看起来一样。航天器在近地点移动最快，所以它沿着它的路径行驶最远，使星下点轨迹看起来向外扩展。但是，在远地点附近它的移动速度更慢，所以星下点轨迹更陡峭。

第5章
航天器
姿态控制

SPACECRAFT DESIGN AND
NEW CONCEPT SPACECRAFT

航天器控制系统有两个任务：一个是轨道控制，另一个是姿态控制。本章主要讨论航天器姿态控制系统（Attitude Control System，ACS），它是航天器各个子系统中最复杂的子系统，也是对航天器外形起决定性作用的子系统。"姿态控制"在航天器工程中是指控制航天器的滚转。

5.1 ACS 的主要任务及功能

ACS的主要任务是"控制航天器的指向"。大部分在轨运行的航天器都需要有一个稳定的指向，例如：

① 一颗通信卫星必须将星载天线指向地面的接收机。

② 一颗对地观测卫星，需要将它携带的相机指向地面。

③ 一颗天文卫星，需要将它携带的望远镜指向空间一个特定星体。

所以，ACS的主要功能是确定指向和控制指向，或者说姿态确定和姿态控制（通俗来讲就是控制航天器的旋转，如图5.1所示）。

图5.1　航天器的姿态控制过程示意图

在前面的章节中，对轨道方面进行了很多讨论，主要关注航天器的重心怎样绕轨道运动。在本章里，关于ACS的讨论，不再关注航天器绕轨道运行的动作细节，而是关注航天器绕自身重心的旋转问题，如图5.1所示。可以想象，在航天器运行的轨道上，就在航天器几米之外观察其响应指令后做自转运动来调整姿态，指向载荷仪器。

"姿态"这个词语描述了航天器在旋转状态中位置的信息和形态的改变。什么导致了航天器的旋转（或者停止旋转）呢？从中学的课本里可以知道，力的作用会改变物体的运动轨道。类似的，在太空中，是力矩引起了航天器绕其重心的旋转。

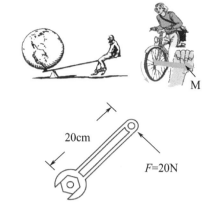

图5.2　关于力矩的应用概念

由力矩的概念可知，力矩是旋转力。就像修理仪器时，用力推扳手的尾部，是扳手旋转从而去拧仪器盖子上的螺钉。力矩的大小不仅与力的大小有关，也和扳手的长度有关。扳手越长，则力臂越大，力矩就越大，也就越省力。力矩的大小与力臂、力的大小成正比，以 N·m 为单位。关于这方面的理解，请读者对照图 5.2 进行领悟。

ACS 的主要工作就是通过力矩控制器的机载设备提供力矩来指挥航天器的旋转，从而控制航天器的旋转状态。最显著的控制力矩的方式是推进器喷火来产生回转（图5.1）。后面讨论航天器推进子系统时，再对推进器进行讨论。但是在本质上，它们都是小的火箭引擎（小到一个手掌就可以拿住），每个引擎都产生几牛顿（N）的推力（1牛顿大约是一个小苹果的重力）。它们被安装在航天器的周围，可以成对点火（图5.1）来产生力矩，这样就可以让航天器旋转起来。其他控制力矩的方式稍后再做讨论。下面先对 ACS 的主要功能做简要介绍，阐述设计 ACS 的几个因素。

（1）满足载荷要求的指向

就通信卫星而言，它通常要求天线指向地面基站的精度精确到 0.1°，而一个太空天文台，如哈勃空间望远镜，需要指向观察目标的精度不低于 1 角秒[①]。

（2）满足航天器其他子系统的指向要求

① 为了获得太阳能，太阳帆板必须指向太阳。

② 为了传输载荷的数据到地面，航天器必须指向地面站。

③ 为了散热器有利于散热，热辐射面必须背向太阳，指向冷的一面。

④ 为了变轨，在变轨前，火箭发动机必须指向一个正确的发射方向。

综上所述，管理航天器的旋转状态，就是管理航天器重心的力矩。

---

① 角秒，又称弧秒，是量度角度的单位，即角分的六十分之一，符号为""。在不会引起混淆时，可简称作秒。"角秒"二字只限用于描述角度，不能与其他以"秒"作单位的情况共同使用（如时间）。

5.2 ACS 的工作原理

影响 ACS 设计的另一个方面是 ACS 如何工作来实现上述功能。图5.3给出了一个典型的 ACS 运行示意图，并介绍了包含 ACS 在内的主要硬件组件。从图5.3的顶部看起，力矩作用于航天器并使它旋转。力矩分为两种类型：第一种是通过使用 ACS 系统以控制航天器旋转的力矩，这些力矩是由控制力矩器产生的；第二种叫作扰动力矩，这种力矩通过航天器与环境的相互作用产生。由于航天器在轨道上运行时会受到轨道摄动力的影响，从而产生等效旋转。例如，图5.4显示了一个扰动力矩是如何通过航天器与大气的相互作用产生的。尽管大气阻力随轨道高度增加而降低，但它同样可以产生一个扰动力矩，从而引起航天器的不必要旋转，这就需要 ACS 来进行校正。

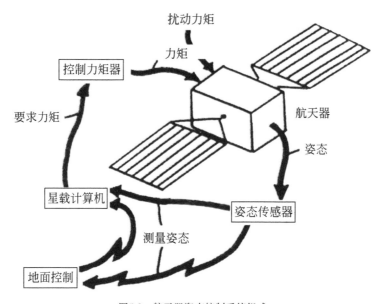

图5.3　航天器姿态控制系统组成

扭矩作用于航天器并引起其运动形态的改变，也就是说，引起其旋转。在图5.3中，航天器旋转通过姿态传感器来测量，这是 ACS 的硬件组件，通常利用光学传感器测量航天器的参考物体，如太阳、行星。要理解 ACS 是如何工作的，可以想象一个带有窗户的盒子，这也是对飞机的较好抽象。想象坐在夜晚航班的一个靠窗座位上，如果机舱灯关闭，就很容易看到外面的星星，如果此时飞机没有转动（旋转），星星看起来好像是固定在窗口中。然而，一旦飞机开始转动，它们似乎划过窗口而移动。类似地，星载传感器通过感知参照对象的运动，如星星，就可以测量航天器的旋转。

航天器的姿态传感器的测量值传递给星载计算机，它本身也作为 ACS 的另一个硬件。

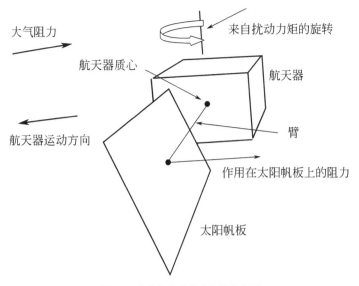

大气阻力

来自扰动力矩的旋转

航天器质心

航天器

航天器运动方向

臂

作用在太阳帆板上的阻力

太阳帆板

图5.4　由空气动力产生的扰动力矩

测量数据通过控制软件进行处理，这种软件对航天器运行姿态的数字化处理极为擅长。将估算得到的飞行姿态与完成指定任务所需的飞行姿态进行比较。如果不同，计算机的控制软件将计算出纠正航天器姿态所需的力矩（图5.3），然后输出指令，采用所需的力矩使航天器回归期望的飞行姿态。

例如，航天器的指定任务可能是将一个通信卫星的天线指向一个地面站，以方便洲际电话呼叫。如果该卫星受到干扰，天线指向地面站的方向将会产生偏移，但是这种偏移会由 ACS 的姿态传感器测量到。然后，计算机处理这些测量数据，并控制卫星力矩装置来校正指向误差，从而保持通信联系。关于图5.3所示 ACS 工作示意图，需要注意的一点是：它处于闭环工作状态，并且在大多数卫星上它将自动执行此操作，因此可以持续地测量、修正。这种闭环式操作被 ACS 工程师称为一个"反馈控制"。

从图5.3的底部"地面控制"中可以看到，在这个自动化过程中有一个地面干预。例如，操作空间望远镜，地面上的天文学家需要控制望远镜观测一个特定的星系。他们可以将该星系的位置信息输入系统，然后此信息将传送至航天器并被星载计算机处理以产生相应的力矩要求，然后由力矩装置执行旋转航天器，将望远镜对准指定星空方向。ACS 的主要功能是帮助其他子系统的操作，如将太阳能电池板指向太阳以帮助能源子系统完成它的工作。相似地，观察图5.3所示的 ACS 典型运行图，可以看到，其他子系统也有助于 ACS 进行它的工作。例如，传感器、计算机和扭矩装置需要从电源子系统中获取电能进行工作。因此，在设计过程中，ACS 的工程师需与许多其他子系统工程师一起工作，所以航天器设计是一个交互的设计过程。

5.3 姿态控制的技术手段

航天器的姿态控制方式有很多，按照控制力矩来源分类，一般分为被动式、主动式和混合式三种类型。航天器姿态稳定控制的几种案例如图5.5所示。

（a）自旋稳定　　　　（b）双自旋稳定　　　　（c）混合稳定　　　　（d）三轴稳定

图5.5　航天器姿态稳定控制的案例

5.3.1　被动式

被动姿态控制系统使用自然环境力矩源或物理力矩源，如自旋、重力梯度、地磁场、太阳辐射力矩或气动力矩等，以及它们之间的组合来控制航天器的姿态。这种系统不需要能源，也不需要姿态传感器和控制逻辑线路。被动控制系统的主要类型和应用叙述如下。

自旋稳定是被动控制中最简单的方法。它的原理是利用航天器绕自旋轴旋转所获得的陀螺定轴性，使航天器的自旋轴方向在惯性空间定向，但是它不具有控制自旋速度及再定向或使自旋轴进动的能力。总之，从理论上说，这种稳定系统在星箭分离后（起旋）就不需要另加控制。但是，由于干扰将造成自旋轴的进动与动量矩矢量的漂移，如果不加以校正，则会造成定向精度下降，从而不适用于长期任务。自旋稳定系统的进一步发展，是双自旋稳定系统，即用一个自旋体携带一个消旋体，使得自旋稳定航天器在应用上具有三轴稳定航天器的优点。

环境力矩稳定是另一类重要的航天器被动控制方式。气动力、重力梯度力、磁力和太阳辐射压力对航天器质心之矩，都是潜在的控制力矩源。选择适当的轨道高度，设计一定的结构形状，使得作为控制力矩的环境力矩的值远大于其余的环境力矩的值，则可组成相应的姿态稳定系统。根据环境力矩的性质可组成对地球定向的重力梯度稳定系统、对轨道速度定向的气动力稳定系统、对太阳定向的太阳辐射压力稳定系统、对地磁场定向的地磁稳定系统。

这类系统，由于控制力矩小、响应速度慢、精度低，且由于力矩的大小与方向由环境的固有规律所确定，因此不具有机动性。但是环境力矩是取之不尽、用之不竭的控制力矩源，一旦发射成功，其工作寿命将是无限的。

5.3.2 主动式

航天器主动姿态控制系统的控制力矩来自航天器上的能源，它属于闭环控制系统。这类姿态控制系统主要有三种。

① 以飞轮执行机构为主的三轴姿态控制系统。它利用各种飞轮储存动量矩，通过动量交换实现航天器的姿态控制，所以也称为动量矩控制。

② 喷气三轴姿态控制系统。它利用各种推力器（即喷气执行机构）为执行机构，从航天器本体向外喷射质量，产生控制力矩。在本体坐标系三个轴方向上均安装推力器，就可以实现对航天器三个轴的姿态控制。

③ 磁力矩器控制系统。它是根据载流线圈在地球磁场作用下产生偏转力矩的原理来设计的。如果在航天器的三个主轴上都安装有这样的线圈，则可以通过控制各线圈上的电流来获得所需要控制力矩的大小与方向。

在航天器的主动姿态控制系统中，除了需要上述执行机构外，还需要相应的姿态传感器、测量信息的处理、控制指令综合和分配等重要环节。

5.3.3 混合式

首先讨论一下自旋稳定和三轴稳定的区别。姿态控制方式若就航天器在运行中是否旋转，可分为自旋稳定和三轴稳定两大类。自旋航天器在外形上要求较严格，指向精度也较低；三轴稳定则突破了对航天器外形的限制，因为星体不旋转，可以安装大型的附件，如太阳能电池帆板和多副天线。三轴稳定航天器由于采用了星载计算机和高精度的姿态传感器，提高了指向精度，但它的动量矩比自旋稳定航天器小，受到扰动力矩时，容易发生姿态偏转。很多时候，会将自旋稳定方式和三轴稳定方式混合使用。

混合稳定，是一个有趣的方法，它是航天器通过在体内安装动量轮来获得自旋稳定。在这种情况下，自旋稳定是借助于快速旋转的一个小物体，一个典型的例子是以几千转每秒的速度旋转，轮的质量通常是几千克。尽管轮子是安装在航天器内部，但其自旋稳定可以转移到整个航天器上。因此，星体有了内在稳定性，同时允许航天器外表面安装载荷和太阳帆板。

双自旋稳定，是一种半主动姿态控制，也可以看成混合稳定方式，多用于通信卫星。双自旋稳定航天器由转子和消旋平台两部分组成，两者通过轴和轴承连接起来。航天器中的大部分辅助系统都放在转子中，转子的质量比平台的大得多。转子恒速自旋使航天器自旋轴的姿态保持稳定。装在转子上的电动机使平台做反方向旋转。当平台相对于转子的转速与转子的转速相等时，平台即实现了消旋。这时平台上的有效载荷（如探测仪器、通信天线等）将稳定地对地定向。随着航天器应用技术的发展，航天器需要获得更多的太阳能，因而要求扩大装有太阳电池片的圆筒形转子的表面积。转子的直径受到运载火箭外形尺寸的限制，因而只能增加圆筒的高度，使转子呈细长形。这时，转子的自旋轴成为最小主惯量轴，它不再具有陀螺定轴性。在这种情况下，保持自旋轴稳定的最简单有效的方法是在消旋平台上安装高效率的章动阻尼器。当航天器出现章动时，阻尼器内部可动工质（工作介质）的运动对航天器产生反作用力矩。由于平台不跟随转子旋转，所以此反作用力矩就能消除航天器的横向角速率，使整个平台对双自旋航天器自旋轴的定向起稳定作用。

5.3.4 三轴稳定

在这种情况下，没有明显的旋转部件，因此与其他部分没有相关的内在联系，ACS 必须努力实现指向任务。缺乏稳定因素看似是一个劣势，但通常这是明智的选择。例如，太空天文台中的哈勃太空望远镜，为了实现其不同指向目标任务，ACS 必须具备一种自由指向目标的能力。如果航天器有自旋稳定轴，将会僵硬地指向那个自旋轴方向；另外，如果在天文望远镜中依靠自旋轴旋转的稳定，会不断抖动或移动，这将使航天器变得毫无意义。

值得注意的是，不同类型的稳定会影响航天器的整体形状或配置，这就是控制工程师把 ACS 当作航天器的心脏的原因。

5.4 姿态控制系统的部件

5.4.1 力矩控制闭环回路

前面已经简要提到了力矩控制回路，如图 5.3 所示。这些 ACS 的硬件，本质上就像 ACS 的肌肉，计算机产生的命令指挥力矩执行器，使航天器旋转。

5.4.2 推进器

产生控制力矩的方式是让两个推进器在相反的方向工作，如图 5.6（a）所示。小型火箭引擎被成群地建立，称为推进器集群，位于航天器表面的不同位置，以确保可以有效地进行姿态和轨道控制。通过触发推进器以及使用不同的集群，就可以使航天器在不同方向旋转，如图5.6（b）所示。

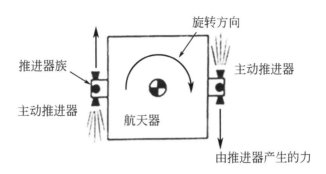

（a）两个推进器在相反方向工作

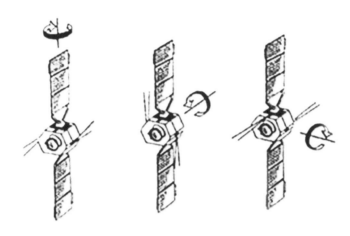

图5.6　利用推进器集群控制卫星姿态

5.4.3　磁力矩器

在儿童时代有这样一个小实验，用一个6厘米长钉子、铜线、电池做了一个电磁铁。将铜线缠绕在钉子上，并将两端连接电池，神奇的电路使钉子变成了一个磁铁；中学期间也做过通过电路的通断来控制电磁铁的打开和关闭的实验。同样的，如果考虑用这种简单电磁铁控制力矩，就是另一种控制航天器稳定的方法，也称为磁力矩器。尽管真实磁力矩器是通过更精确的设计，而且钉子被大一点的金属棒取代，通常是一个铁合金，根据航天器的大小，它的范围为0.5～2米，相当长度的铜线绕在这个铁棒上，然后做成一个可以通过电流命令控制的电磁铁。

磁力矩器是怎样旋转航天器的呢？例如，罗盘指针通常是一块磁铁，若让它自由地旋转，则它指向北面。这是因为作为一个磁铁，它总是试图使自己与地球南北指向的磁力线重合。同样，如果将电流通过磁力矩器，磁力矩器将变成一块磁铁，通过旋转使自身与当地磁场在其轨道位置重合，如图5.7（a）所示。又因为磁力矩器与航天器固定在一起，如图5.7（b）所示，航天器也会随之转动。那么，如果已知航天器在轨道上的位置以及这个位置地磁场的状况，就可以很容易通过给磁棒绕线通入一定强度的电流去产生可控力矩，进而控制航天器的旋转。这个想法听起来十分简单，但对 ACS 工程师们来说，实施起来确实相当复杂。尽管如此，磁力矩器在航天器上被广泛应用。例如，在哈勃望远镜上就配备了这类磁力矩器。因为它的最大优点是清洁，不像喷气推进器，每次使用都会喷出推进剂，这会对哈勃望远镜这类精密仪器产生光污染。

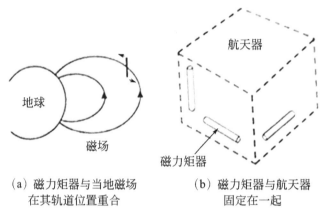

（a）磁力矩器与当地磁场　　　　　　（b）磁力矩器与航天器
　　在其轨道位置重合　　　　　　　　　　固定在一起

图5.7　磁力矩器及其应用

5.4.4　反作用轮

另一种被广泛用来控制力矩的是反作用轮。它的直径为15 ～ 30厘米，质量为几千克。它的规格取决于被安装的航天器与航天器转动到所需状态的速度。为确保可以沿任意方向旋转航天器，三个轮子的转轴之间必须以正确的角度装配，如图5.8（a）所示。但是ACS 工程师通常会在与三轴都倾斜的方向设置一个备用轮，以便在这三个轮子发生故障时继续控制航天器。图5.8（b）所示为一种反作用轮的外观。

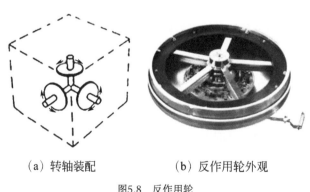

（a）转轴装配　　　　　　（b）反作用轮外观

图5.8　反作用轮

了解反作用轮控制航天器旋转的机理，只需了解一个轮子的工作原理。这个轮子与一个固定在航天器上的力矩电机连接在一起。力矩电机是一种用来转动轮子的简单电机，就像家用电钻里的电机一样，打开电机开关，会有电流通过电机，带动轮子转动。为了理解反作用轮如何引起航天器转动，可以以电钻为例。打开电钻时，钻头和手柄会朝相反方向转动（这也是宇航员们在太空中行走时使用电器所遇到的麻烦），它们会随工具一起转动，因此它们必须与航天器紧固在一起。同样道理，轮子的转动也会导致航天器朝反方向转动。总的来说，为了使航天器与轮子之间产生相对转动，需给电机中通入电流，轮子转动使电机产生一个相反方向的转动，由于电机与航天器固定在一起，这个转动又由电机传到了航天器，使航天器相对轮子转动。运用牛顿第三定律：作用力与反作用力大小相等，方向相反，从而使航天器与反作用轮相对稳定。

　　但如何使航天器停下来？在太空中，航天器一旦开始转动，就会永远转下去，因为太空中没有其他作用力使它停下来。为了使航天器停止转动，要使反作用轮停下来，因为减慢轮子转动的速度会在相反方向减慢航天器的转动。

　　反作用轮有以下几个优点：

　　① 可以实行线性控制，因此控制精度较高。

　　② 能克服周期性扰动，所需能量可以不断地从太阳电池获得，因此可以长寿命工作。

　　③ 没有喷气对光学仪器的污染问题。

　　反作用轮的执行机构是动量交换式的，其中的关键部件是轴承和电机。轴承有动压油膜润滑轴承、液体润滑滚珠轴承和磁浮轴承三种方式。磁浮轴承对于长寿命高精度航天器尤为适合。

　　综上所述，航天器姿态稳定控制系统对航天器外观形状有很大影响，同时它的设计还受其他子系统的影响。在硬件方面，ACS 由传感器、控制执行机构和计算机组成。但还有一个问题本章中尚未讨论，就是安装在航天器上的计算机里的姿态控制算法。设计 ACS 子系统的控制工程师不仅要精通硬件方面的知识，在某种程度上还应该是一名合格的数学专家。

第6章
航天器
系统工程

6.1 航天器基本设计方法

本章主要讨论航天器的设计过程以及影响航天器的主要元件。下面将这些主要元件称作子系统。航天器的设计就是设计这些重要的子系统，以及如何用这些子系统组成一个完整的航天器，进而实现任务目标，并能在太空环境中生存。

设计航天器时，第一步需要定义航天器设计的任务目标，即准确地阐述航天器设计的任务目的。例如，覆盖全球的高分辨率图像的采集任务。第二步，根据任务目标选择所需的载荷仪器或设备，在对地观测任务中，则需要选择能够拍摄地面图像的相机。第三步，制订有效载荷的操作计划：如何运行载荷硬件，从而最佳地实现目标呢？如何确定有效载荷在空间中的位置，从而最大限度地发挥其效用，这就产生了一个合适的任务轨道。在这类任务中，通常选择近地低轨。因此，对航天器的各个子系统设计也提出了相应的要求。

有效载荷是航天器最重要的部分，没有它，航天器就无法实现任务的目标。子系统设计完全是为了支持有效载荷。因此，为了确保有效载荷能够有效地工作，通常从两方面来决定如何设计一个子系统，即子系统需要做什么以及需要提供什么。例如，有效载荷需要一定量的电源加以运转，那么电源子系统的设计，即太阳帆板以及蓄电池的规格就需要根据有效载荷的要求来决定。按照这种逻辑方式，同样可以设计其他子系统。

在这里提到了航天器的子系统，但并没有给出具体的定义以及它们的工作内容。所有的航天器都是由基本的子系统组成的。表6.1列出了其中一些主要的子系统以及支持有效载荷运行需要的职能。

表6.1 主要的航天器子系统及其功能

子系统	功能
有效载荷	为了完成任务目标，选择合适的载荷硬件（如相机、望远镜、通信设备等）
任务分析	确定发射航天器的运载火箭，确定完成任务的目标轨道，以及如何将航天器从发射场发送到最终的目的地
姿态控制	实现航天器的准确指向（如太阳帆板指向太阳，通信天线指向地面站等）
推进器	利用星载火箭系统，可以实现航天器在轨转移、控制目标轨道和航天器姿态
电源	为有效载荷和其他子系统提供电源
通信	在航天器与地面站之间建立通信连接，下传有效载荷数据和遥测数据，上传对航天器的控制指令
星载数据处理	对有效载荷数据和遥测数据进行存储和处理，允许子系统之间的数据交换
热控系统	提供合适的热环境，确保有效载荷和子系统正常工作
结构设计	在任何可预测的环境下，为有效载荷和子系统硬件提供结构支撑

关于表6.1的进一步解释：

① 航天器设计师不把有效载荷归为子系统一类。通常把航天器分为两个部分，将有效载荷与航天器平台（服务模块）区别开来，后者作为航天器的一部分，包含所有起支持作用的子系统。

② 任务分析有时不被视为子系统，因为航天器上没有任何硬件部分可以体现。但是，为了充分反映一个典型的航天器系统的设计结构，表6.1中列举了载荷和任务分析两部分内容。

③ 表6.1中在提到通信子系统的功能时，涉及了遥测技术的概念。事实上，遥测技术本质上就是航天器上的传感器测量数据，这些传感器测量数据可以监测航天器各个子系统状态，如果出现问题，则会发出警告。获得的数据通过遥测技术下传到航天器的地面测控中心，并显示在计算机屏幕上，当出现问题时可以迅速采取行动。

上面所描述的设计过程可以概括为图6.1所示的流程。首先确定任务目标，接下来针对设计的任务目标展开一系列工作。确定需要用到的有效载荷以及具体的实施途径，当有效载荷确定后，再进一步分析其需要子系统提供哪些资源。例如，有效载荷需要一定量的电能，这就需要设计电源子系统。如果载荷需要定向，如太空望远镜或对地观测成像卫星，其指向的稳定度和精确度就成了姿态控制子系统设计所需考虑的关键因素。在一些情况下，载荷会生成数据，如成像系统的载荷会生成图像数据，这些数据或者在星上存储，或者直接通过通信子系统下行传输到地面。载荷生成数据的速率以及数据总量直接影响星上数据处理系统的设计。有效载荷生成的数据速率需要通过通信子系统传输到地面，这个传输过程也会对航天器的通信子系统设计提出一些要求。此外，某些有效载荷对工作环境的温度范围要求很严格，从而和热控子系统的设计非常相关。

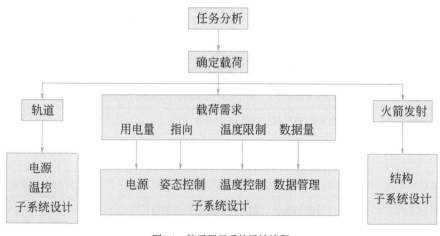

图6.1 航天器子系统设计流程

当然，其他因素也会影响子系统的设计，通常是通过卫星的有效荷载确定航天器任务轨道的选择，如图6.1左半部分所示。这也是轨道影响子系统设计的例子。例如，一旦确定了轨道，任务分析工程师就会计算出航天器的阴影区，阴影区是指航天器在绕地球公转轨道运转时处于黑暗中的时间。如果航天器位于光照区轨道上，则依靠太阳帆板供电，否则就得依靠蓄电池供电。那么，在轨道上的阴影区将极大程度地影响航天器电源子系统的设计。同样地，阴影区和光照区也反映了航天器在轨道上能够接收到的太阳光的热量，所以这也影响热控子系统的设计。

运载火箭所处环境的恶劣程度是影响航天器结构设计的最关键因素，如图6.1右半部分所示。事实上，航天器的设计方法并不神秘，只是基于一些基本的应用常识。

6.2 航天器的设计过程

航天器的设计过程有人的主观因素在其中，正因为如此，其中的一些事情并不如期望的那样客观，尤其是最初提出可行性分析和初步设计概念时。所以，对于整个航天器设计，确定航天器的设计方法是至关重要的。通常，航天器的设计活动被分为几个阶段，表6.2展示了从初期设计到最终在轨运行的整个过程。

表6.2　航天器系统的设计和开发

阶段	持续时间	进行的活动
A.初步设计和可行性分析	6～12个月	完成航天器的初步设计；提出时间安排和成本花费计划；验证影响可行性的关键技术
B.详细设计	12～18个月	将最初的设计具体到技术方案，包括详细的子系统设计；确定后续各阶段的发展计划
C/D.开发、制造、集成和测试	3～5年	开发和制造在轨运行期间的硬件；进行系统集成；进行地面测试
E.飞行操作	在轨时间	将航天器运送到发射架；确定发射计划；初期轨道操作和目标轨道操作；任务结束后的相关处理

注：阶段A～阶段D是一种规划草案，在实施过程中会根据航天器的类型有所改变。

前面提到的大多数内容都是集中在阶段A——初期设计阶段，在本书中并不会过多地涉及这个阶段以外的内容。为了能够切实感受到在实际航天器中这一阶段是如何运作的，可以假设某个指定的航天器和某个团队签署了一份在阶段A中的研究合同，在这个阶段里，航天器的初期设计过程有时就是指航天器系统工程。对这个概念的定义是多样性的，其中一种是指"开发一个可操作的航天器，在满足一些强制条件下（如航天器质量、任务成本、计划流程）能够高效地实现任务目标的科学技术"。这听起来很复杂，但主要工作仅仅是设计航天器的各个子系统，并确保各个子系统集成后作为一个完整的航天器能够高效地完成任务目标。

航天系统工程是不同于航天器系统工程的另一个学科。如何划分界限是任何系统工程的关键问题之一。本书的重点是航天器本身的设计，所以这里将研究范围局限到航天器，并把它作为一个系统。从另一个角度看，航天器系统工程应当包括更大的范围，不仅是航天器本身，也应当包含项目的其他部分，如操作航天器和收集数据地面站。接下来的讨论不针对这些领域，而仅仅把重点放在航天器上。

现在重新把重点放到航天器系统的设计过程中来。首先需要一个由各个子系统工程师组成的设计团队，通常每个子系统会有一个系统工程师作为其负责人，对每个子系统来说，负责人并不需要和队员有相同深度的专业知识背景，但他（她）对整个系统要有充分的知识，以便实现整个设计的集成一体化。

针对传统设计方法的提高改进需要很多子系统工程师的分析和设计工作，以及整个设计团队反复论证，从而最终确定改进的设计方案和总体方案（这里形容航天器的设计方法具有传统性，似乎听起来很奇怪，但事实上这样的设计方式已经持续了半个世纪）。实际上，系统方案是非常重要的，每个子系统专家都是独立工作的，通过各自的能力最终设计出非常优秀的方案。但如果不能将其与其他子系统的设计整合起来，那么这个设计方案就是无用的。

就航天器总体设计而言，子系统工程师很快会意识到这是一个团队的设计，每个人都需要让步和妥协，最终才能成功地完成任务。前面提到了设计过程的客观性就与这点有关。考虑到人员队伍的集合程度，航天器系统工程可以被重新定义为开发可操作航天器的科学技术（或艺术）。这项工作有时会有些艺术化，因为工作成果由团队的能力和各成员之间相互合作的默契程度所决定。子系统工程师们必须接受他们的子系统设计方案有可能会因为其他子系统或有效载荷的原因，需要加以修改（很有可能是他们完全不喜欢的方式）。

设计过程的另一个重要特点是反复性，设计团队针对航天器的设计会达成初步方案，但在检查设计方案时会发现某些方面的设计有待提高或者存在问题。设计过程就变成了检查——重新设计——再在新的设计方案中克服难题。但新的设计可能还会存在问题，所以这个过程会一直持续，直到最终的设计在各个方面都变得可接受。

在过去几十年或更长的一段时间里，这种传统的设计方法已经因为计算机技术的发展而有所改变。但设计团队的基础结构并没有变化，只不过现在设计团队加入了计算机工作实验台，这看起来像一个迷你版的任务控制。各个子系统工程师坐在工作台前听从团队总负责人的指挥。这种设计方式被称为并行工程设计，它不仅适用于航天器工程，还可以用于很多涉及复杂设计的工业领域，如汽车行业。

设计过程的核心是中央计算机的数据库，可以存储所有航天器的设计资料。每当团队成员对子系统的设计进行更新时，相应的数据库也会进行内容更新。其他团队成员会立刻接收到具体的变化内容，并能很快将这些变化对其他子系统的影响做出评估。这项技术最大的优点是缩短航天器的设计时间，将时间从6个月或缩短至1～2个月。但是，计算机的引入并不能取代设计团队中优秀的子系统工程师，对于并行工程设计的设备来说，这些工程师仍然非常重要，他们需要检验计算机的输出是否有效，并最终确定出成功的设计方案。

6.3 航天器工程：最终设计极限

相信大部分人认为航天器工程应该是一项前沿技术，但是事实上这项技术如此保守，让大家有些始料未及。一方面，子系统工程师一直竭尽全力在他们各自的专业领域提出新想法，开发新技术，在减小航天器质量和能源消耗的同时，提高航天器的性能。另一方面，提出的新想法是否可行也存在一定问题：它们能在轨运行吗？将这些新方法用于航天器的设计并最终获得成功需要花费多少时间和成本？本质上来说，这些创新方法会给整个项目运行带来一定的风险，而这些风险会影响到项目的时间安排以及经费支出。因此，一些设计理念需要经过上百次验证后才能被采纳用于航天器的设计。这种情况在商业航天器的设计中尤为常见，如通信卫星。

既然如此，那么航天器工程的技术如何进步呢？通常情况下，一些创新工程在扩展应用之前，首先要在科学卫星上搭载。尽管如此，航天器上的子系统设计技术也都有几十年历史了。这并不是批评，相反，事实上这样更有助于提高整个航天器系统的可靠性。

现在逐渐流行的新子系统飞行测试技术就是采用小卫星进行测试的。但是，什么样的卫星可以定义为小卫星呢？航天科学家认为质量在100kg以下的卫星可以称为小卫星。随着计算机的小型化，我们可以制造相对复杂和功能齐全的小卫星进行新技术的飞行验证。这项技术能够长期发展的关键在于它的低成本。由于小卫星可以作为一个"小伙伴"搭载在运载火箭上，发射成本能够大幅度降低。其他有助于降低成本的因素是小卫星的设计、制造、测试周期更短，地面管理系统和操作更简单。考虑到投入成本低，新技术在轨测试失败造成的后果可以有效降低，这使得使用小卫星进行飞行测试的技术显得更吸引人了。

6.4 航天器总体实例

本节将归纳几个航天器的例子以及它们的应用领域。关于航天器的主要特点和其子系统（表6.1），读者可以通过本节给出的相关图表进行了解。

为了让读者对航天器的质量有更直观的了解，首先需要清楚一辆普通的小汽车质量为1.25～2吨，一辆双层公交车大约重10吨。因为航天器的寿命很短，下面给读者提供了一些目前在轨运行的代表不同应用领域航天器的质量、尺寸和外观。

（1）通信卫星

国际通信卫星8号如图6.2所示，主要特征参数见表6.3。

图6.2　国际通信卫星8号

表6.3　国际通信卫星8号的主要特征参数

描述	提供行星际间的电话通信服务
发射总质量	3250kg
净重（不计燃料）	1540kg，占发射总质量的47%
燃料质量	1710kg，占发射总质量的53%
规模	中心体作为一个盒子2.2m×2.5m×3.2m
轨道类型	地球同步轨道
轨道高度	35790km
轨道倾角	0°
初始功率	4.8kW
载荷质量	460kg，占净重的30%
载荷性能	通信载荷同时携带22000部电话和3台彩色电视播放器

（2）遥感卫星

第五代地球观测卫星Spot 5如图6.3所示，主要特征参数见表6.4。

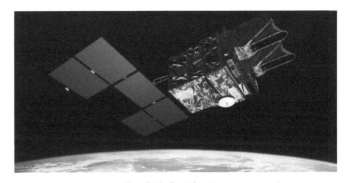

图6.3　第五代地球观测卫星（Spot 5）

表6.4　第五代地球观测卫星（Spot 5）的主要特征参数

描述	Spot系列地球观测卫星
发射总质量	2760kg
净重（不计燃料）	2600kg，占发射总质量的94%
燃料质量	160kg，占发射总质量的6%
规模	2m×2m×5.6m
轨道类型	近极地低地球轨道
轨道高度	822km
轨道倾角	98.7°
初始功率	2.5kW
载荷质量	400kg，占净重的54%
载荷性能	观测120km宽的地面图像，分辨率为10m

（3）天文观测卫星

哈勃太空望远镜如图6.4所示，主要特征参数见表6.5。

图6.4　哈勃太空望远镜

表6.5 哈勃太空望远镜的主要特征参数

描述	以哈勃命名，他在20世纪初发现了宇宙不断膨胀，哈勃望远镜是天文史上最重要的仪器之一
发射总质量	10840kg
净重（不计燃料）	10840kg，占发射质量的100%
燃料质量	0，占发射质量0%
规模	长13m×直径4.3m的圆柱体
轨道类型	近极地低地球轨道
轨道高度	大约600km
轨道倾角	28.5°
初始功率	5kW
载荷质量	1450kg，占净重的13%
载荷性能	望远镜的主要元件是一个口径为2.4m的主镜，能够在离月球表面120m的高度看清物体

（4）行星探索

卡西尼-惠更斯号飞船如图6.5所示，主要特征参数见表6.6。

图6.5 卡西尼-惠更斯号飞船

表6.6 卡西尼-惠更斯号飞船的主要特征参数

描述	它由两部分组成："卡西尼"号太空飞船由 NASA 研制，其任务是环绕土星飞行；"惠更斯"号探测器是"卡西尼"号携带的子探测器，由欧空局研制，其任务是深入土卫六的大气层，对土星最大的卫星土卫六进行实地考察
发射总质量	5630kg
净重（不计燃料）	2490kg，占发射总质量的44%
燃料质量	3140kg，占发射总质量的56%
规模	高度6.8m，携带一根4m长的通信天线
轨道类型	土星轨道
轨道高度	持续变化
轨道倾角	接近赤道
初始功率	815W
载荷质量	670kg，占轨道净重的31%
载荷性能	观察土星和它的卫星的图像

6.5 推进子系统

推进子系统的主要功能是使用搭载的火箭发动机为航天器提供在轨期间来回转移的动力，控制任务轨道和航天器姿态。尽管这些叙述听起来有些抽象，但实际上推进子系统的工作非常直观，也就是说，航天器上搭载了火箭发动机，通过起动发动机将航天器送达近地空间或太空中的预定地点。实际上，推进子系统的工作有两个方面：轨道转移、轨道和姿态控制。

6.5.1 轨道转移

一些航天器可以直接通过运载火箭到达任务指定轨道，因此并不需要进行轨道转移。然而，有些航天器为了到达指定轨道不得不在轨道间转移。轨道转移的过程通常指在航天器上搭载大型火箭发动机，这样的系统适用于初级的推进。如果航天器需要这种系统，那么大量的火箭硬件和所需燃料对于航天器的整体质量有很大影响。通信卫星就需要这样的初级推进系统。它们被火箭发射到近地轨道，通过霍曼转移理论方法[①]转移到地球同步轨道上后开始工作。

火箭喷射引起的速度变化记为 ΔV，航天器设计师的主要工作之一就是计算把航天器从发射架发射到最终的目标轨道所需速度变化总量 ΔV。航天器设计师花费大量的时间计算 ΔV，是因为它直接影响所需的火箭燃料的质量。第一个认识到这一点的人是齐奥尔科夫斯基，他在1903年提出了火箭方程，这个方程可以根据实现轨道转移所需的 ΔV，直接计算得到所需火箭燃料的质量，这对航天器设计师来说是个很重要的方法。航天器设计师还要试着算出最小的 ΔV，因为最小的 ΔV 意味着最少的火箭燃料，最少的火箭燃料反过来意味着航天器可以搭载的有效载荷的最大量，也就意味着航天器实现任务目标的效力得到增强。

可以用齐奥尔科夫斯基的火箭方程来估算从近地轨道转移到同步轨道所需的火箭燃料的质量。ΔV 大约为3.5km/s，所需的火箭燃料质量大约是航天器最初质量的70%，只有剩下的30%留给其他子系统，这给设计师们带来了很大问题。为了解决这个难题，通常让运载火箭直接将航天器送入同步转移轨道，然后只需要增加1.5km/s的速度就可以到达同步轨道。在这种情况下，火箭燃料的质量只占航天器最初质量的40%，给设计师留下60%的空间安排其他子系统。

前面提到的霍曼转移理论，采用从近地轨道到同步轨道的转移作为事例。但事实上，这种轨道转移可以在航天器任意两个同平面的圆形轨道间实现，如在两个相距几百千米、ΔV 只需几百米每秒的近地轨道间的转移。最初，霍曼本人是希望实现在两个不同行星轨道间的转移，如从地球到木星，ΔV 大约为10km/s。

6.5.2 轨道和姿态控制

正如之前看到的，姿态控制子系统借助推进子系统装置完成姿态的控制。一对反方向的小型推进器如图6.6所示，点火作用产生控制力矩。这些小型火箭发动机大量地聚集在航天器周围，被称作航天器的二级推进系统。

[①] 霍曼是航天历史上杰出的人物之一，在20世纪早期，他在德国埃森市担任职业城市建筑师，但在空闲时间，他把精力投入航天事业中。在1925年，也就是第一颗地球卫星问世25年前，他出版了他的工作成果，包括他的轨道转移理论的细节。他的轨道转移理论在发射卫星到同步轨道上被应用了数百次，因为它可以使用最少的火箭燃料，即可以降低航天器的整体质量和发射费用。

轨道控制功能也是通过航天器的二级推进系统实现的。当航天器被发射到理想的目标轨道时，它不会一直停在那里。航天器会受到阻力以及太阳、月亮和地球的引力作用，在其轨道上会发生扰动，如果想要保持航天器的目标轨道不变，那么就必须对其进行控制。为了纠正轨道，航天器的轨道速度必须有所变化，而这一点可以通过航天器上搭载的小火箭发动机点火来实现。在这里，两个小型推进器被点火，并不是在相反的方向产生力矩，而是通过在相同的方向产生一个小的 ΔV 来纠正（或控制）轨道，如图6.6所示。

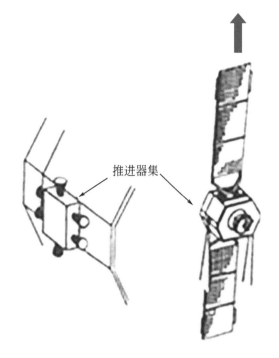

图6.6　两个喷管在相同的方向上喷射产生一个小改变用以控制轨道克服摄动

6.5.3　航天器推进技术

目前航天器上的推进系统有两类：化学和电气。化学推进系统，如大型运载火箭发动机，通过燃烧推进燃料或氧化剂的混合物获得化学能量。这个过程中产生的高温能量气体通过火箭喷嘴排出从而产生推力。电气推进系统，使用电能来使推进燃料气体从火箭喷嘴加速排出。这种方法可以获得喷出时的高速，但是每秒能够被加速的质量是很小的，除非使用大量的电能。通常，电气推进系统的推进力很小（不足1N）。下面着重于介绍常见的化学推进系统。航天器上的大型化学火箭发动机要么是固体推进燃料系统，要么是液体推进燃料系统。

（1）初级推进

① 固体推进燃料系统。航天器上一种典型的固体推进剂主发动机如图6.7所示。从概念上来说，这种装置简单，由一个储存固体燃料的油罐、一个发动机喷嘴和一些用来点燃它的点火装置组成。就像大型航天飞机的固体燃料助推火箭，一旦被点燃，它就会一直燃烧，直到推进剂燃烧殆尽，它的角色就扮演结束了。发动机点火后通常持续的时间很短（大概几十秒），产生很大的推力（上千万牛顿），从而产生很大的加速度——一秒钟内就能从0加速到60英里每小时（96.56千米每小时）。尽管系统的结构简单，但是使用固体推进剂装置最大的缺点是它是一次性的，要实现多重火箭发动机点火燃烧是不可能的。

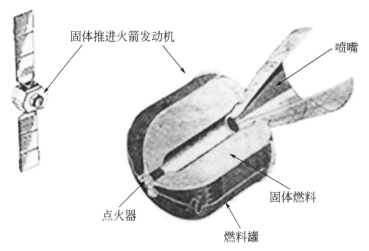

固体推进火箭发动机

喷嘴

固体燃料

点火器

燃料罐

图6.7 典型的固体推进剂主发动机示意图

② 液体二元推进剂系统。随着航天任务的发展，航天器的任务变得越来越复杂，不仅仅需要一个主引擎。为了适应这一要求，统一的液体二元推进剂系统作为另一种推进系统的选择变得逐渐流行。该系统作为航天器的初级引擎具有统一标准，并且实现轨道和姿态控制的小型推进器在同一回路上。航天器上的无论大型还是小型火箭均享有相同的燃料供应。推进剂采用液体形式，并且因为有两种液体（燃料和氧化剂），所以它是一个二元推进剂。通常使用的燃料和氧化剂分别是单甲基肼和四氧化二氮，它们是可以自燃的。所以，只需将它们注入燃烧室，就可以点燃主火箭发动机，生成的爆炸性热气体会在发动机喷嘴排出从而产生推力。同样的方法可以用于操作在航天器上的小型推进器。当然，燃料和氧化剂的自燃特性意味着和推进系统连接的管道会比较复杂，就是为了确保这两种液体在进入推进器燃烧室时不会混合到一起。否则，这将是灾难性的悲剧。通过图6.8可以对管道的复杂结构有进一步了解。当安装好航天器的燃料箱后，如何在发射场安全地处理燃料和氧化剂成了一项难题。工作人员都必须配备防护服，从而确保不会受到可能会意外溢出的液体的影响。

推进剂罐

氧气罐

高压气罐

主发动机喷嘴   推进器集

图6.8 液体二元推进系统示意图（用于欧洲空间局的金星探测器）

相比固体推进剂主发动机，统一标准的二元推进剂系统的主发动机所能产生的推力低得多。推力大小通常为400N左右，对于一个平均大小的航天器来说，可以在两分钟内将其速度从0提高到60英里每小时（96.56千米每小时）。但发动机点火的持续时间通常要长得多，大概需要1.5小时，才能获得所需的速度增量 ΔV。

（2）二级推进器

前面讨论了航天器上配备了统一的液体二元推进剂系统的小型推进器的操作流程。但是，装有固体推进剂的主发动机需要独立的推进器装置，通常是单组肼推进剂系统。这与液体二元推进剂系统中需要燃料和氧化剂的混合物恰恰相反。单一的液体燃料在强大的气压下被推入推进器中。为了

图6.9　单个二甲基肼发送机样品（推力大约5N）

点燃推进器，首先打开燃料入口阀，单组肼通过一堆化学物质从推进器中喷射出来，引起放热化学反应，将液体燃料分解为氢气、氮、氨等气体。这些热气体通过发动机喷管产生推力。图6.9所示为一个典型的单肼推力器，大概只有手掌一般大。

6.6　电源子系统

电源子系统的主要功能是为有效载荷和其他子系统提供电能。这项工作对整个航天器的正常运作至关重要。除了结构设计以及热控制以外，几乎航天器所有类型的有效载荷和子系统都需要可靠的操作电源。一旦电源发生故障或短暂中断，会给整个航天器任务带来一场重大灾难。

既然航天器有主推进系统和二级推进系统，那么同样地，航天器也应该有主电源系统和次电源系统。主电源系统是电能的主要来源，例如，对于地球轨道卫星，通常利用太阳能帆板（或电池板）将太阳能转换成电能。次电源系统包含电能存储设备，这意味着在绝大多数航天器中，都会使用到电池技术。当然也有其他可能，尽管并不会经常出现。例如，可以安装飞轮替代电存储装置。当航天器处于太阳光下时，太阳能电池可以提供旋转

力矩来旋转一个较大的车轮。当航天器处在黑暗中时，主电源不再工作，这时可以将飞轮的旋转动能提取出来并转换成电能。

航天器有时非常像一辆汽车，因为它们都有两级电源系统。对于汽车来说，当发动机起动时，主电源系统持续产生电源。次电源系统是电池装置，当发动机不起动时，能够保证可以对汽车内的系统进行操作。实际上，次级电源系统是非常重要的，因为它是起动汽车和起动主电源的一个非常重要的手段。

地球轨道卫星上装载的电源，其中最普遍的模式包括一个太阳能电池阵列/电池组合。当航天器位于地球上有光的一侧时，太阳能电池工作，为航天器的有效载荷和子系统提供电源。同时，产生的额外一部分电源对电池系统进行充电。当航天器进入阴影一侧时，太阳能电池阵列为航天器的运转供电。

（1）常用的主要动力源

在主电源方面，通常有很多选择，其中主要的备选项如表6.7所示。从表中可以发现，只有4种适合执行长期任务，其中太阳能电池和放射性同位素热电源最常用。

表6.7　航天器上使用的主电源

类型	操作用途和原理
主电池	主电池用于短时间饱和任务，如用于运载火箭发射入轨的几分钟
燃料电池	燃料电池使用化学发动机产生电能，同时产生水和副产品。这使得它们特别适用于有人操作的任务。然而，该操作的饱和度受限于氢和氧的连续化学反应量。燃料电池为航天器的主电源提供电能
太阳能电池	一个太阳能电池集中器就像一个大型抛物线镜子，它用于集中太阳辐射能来加热工作液体，如水。高压水蒸气用于驱动汽轮机发电。太阳能动力设备比太阳能电池阵列更有效率，但是更重。因此，它只能用于大型航天器，如空间站
放射性同位素热电源（RTG）	热能从放射性同位素中辐射出来并转换为电能。RTG广泛用于离开太阳系的长航程航天器，这时太阳能就太弱了而无法使用。每个RTG都是圆柱形的，一般长1m，直径为30cm，质量约40kg，产生约200W有效电能。可以很快计算出每千克产生的能量约5W。因此，如果需要大量的能量用于载荷，则可以计算出提供这些能量的电源质量。当然也有一些环保方面的意见，认为如果出现发射事故，辐射的危害将会很大
核反应堆	这是缩小版本的核电站反应堆。它们仅仅用于需要产生大量电能的情况，例如需要产生上千千瓦电能时，这种情况一般出现在军用空间系统中，如太空雷达

（2）太阳能电池阵列

设想你走进一个花园，太阳光照射在一平方米的区域内，产生大约1.4kW的功率，忽略阳光穿过大气层产生的损失。因此，在地球轨道上，为了充分利用太阳光资源，通常为航天器配备将太阳能转化为电能的太阳能电池阵列。通常用于航天器的太阳能电池的材料是半导体硅，其转化效率在10%左右。也就是说，若太阳光照射在太阳能电池上产生1400kW的能量，那么其中只有140kW可以被转化成电能支持航天器工作。

这里需要考虑很多影响太阳能电池效率的因素。例如，为了使电池效率达到最大化，太阳能电池阵列需要正对着太阳光，从而让太阳光能够垂直照在太阳能电池阵列上，以便获得最多的太阳能。这就需要利用航天器姿态控制子系统准确调节太阳能电池阵列的指向，但通常会存在5°左右的误差，而存在的误差会降低电池的效率。第二个因素是温度影响。电池阵列处在太阳下时会获得热量，通常温度高达50℃（在地球轨道），但是温度越高，电池的效率就越低。例如，当硅电池的温度升高25℃时，它就会丢失10%的电性能。第三个应当考虑的因素是硅材料的太阳能帆板不能完全展开。由于每一块帆板都是由很多更小的硅光电池组成的，它们之间需要电连接，这对太阳能帆板展开会存在影响。最后一个影响电池阵列效率的因素是粒子辐射。在地球同步轨道运行十年后，太阳能电池的电输出相比于一开始的性能会减少30%左右。

以上提到的因素会随着具体的航天器任务和轨道而变化，但是在地球轨道上，一个有用的经验法则是，航天器上每平方米的硅电池预计能产生约100W的用电——足以点亮一只老式的室内电灯泡。许多现代航天器，尤其是通信卫星，需要约10kW的电量，这就意味着需要安装大面积的太阳能电池阵列。而安装如此多的太阳能电池阵列显然会对整个航天器的配置产生严重影响。

以上讨论针对的是距离太阳1个天文单位的地球轨道航天器。正如大家所知，距离太阳1个天文单位接收到的太阳光强度大约为每平方米1.4kW，但是这个强度会按照距离太阳远近的平方反比而下降。打个比方，如果空间任务是把人类带到土星上，与太阳相距10个天文单位，那么太阳能流量大约为1400W，平均分成100份，那么每平方米大约14W。由于将太阳能转化成电能的过程中，存在很多因素影响转化效率，因此在这种情况下利用太阳能电池产生电能就不太可行了。

那么，到底距离太阳多远可以继续使用太阳能电池阵列为航天器提供电能呢？这个问题很难回答，但是人们认为最远距离应该在5个天文单位左右（即木星到太阳的距离）。迅速计算得到5个天文单位的太阳能强度大概意味着将1400W平均分成25份，大约每平方米56W，考虑电池阵列的转化效率，大概每平方米可以转化成6W的电能，这个结果听起来可能还是有些危险。但是，其中的可取之处在于电池阵列的温度，当航天器在木星轨道上时，电池阵列的外部温度在100℃以下。正如本书前面提到的，温度升高时，太阳能电池阵列的转化效率会变低，那么反过来，当温度降低时，太阳能电池阵列的工作效率也会有所提高。因此，最终太阳能电池阵列可以提供足够的电能支持航天器在木星轨道上运转。

（3）放射性同位素热电源（RTG）

那么当航天器距离太阳非常遥远时，如何解决供电问题呢？为此，科学家们使用了放射性同位素热电源系统。该电源系统已经被用于许多航天器上（如旅行者号、尤利西斯号等），它们在太阳系中都处于一个非常遥远的距离，在木星轨道之外。这种方式的原理是航天器以放射物的形式携带它们所需要的能源。当放射源加热一种材料，能量通过热电效应转化成电能。这是由托马斯·塞贝克于1821年发明的。图6.10阐述了一个简单的热电偶：两根分别由不同金属材料 A 和 B 制成的线组成电路，利用仪表测量电流。如果两种金属的交会点——节点1的温度较高，节点2的温度较低，则回路中就产生了电流。虽然 RTG 是一个比较复杂的设备，但是其工作原理并不复杂。本质上来讲，由于放射性物质的热源和温度较低的太空之间存在温度差，利用温度差为航天器产生电源。图6.11是这种放射性同位素热发电机应用在航天器中的示意图。

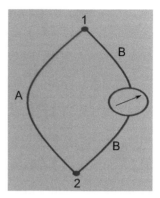

图6.10　一个简单热电偶电路（材料A的1点热，2点冷，则在线路B中就会产生电流）

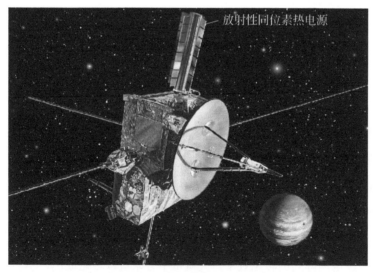

图6.11　放射性同位素热电源曾应用于Ulysses航天器中

但是，使用 RTG 也存在一些缺点，其中有些缺点在前面已经有所提及。由于 RTG 中包含放射性元素钚，会产生放射性有害物质，安全问题值得担忧。辐射也会影响航天器上的电力系统，因此，RTG 要放置在远离辐射敏感器件的位置。RTG 会发热并产生超过普通电源10倍的热量。就一个典型装置而言，航天器上安装的每个 RTG 会产生约2kW的热，这会给航天器的热控系统带来问题。同时，在发射期间，当航天器被限制在发射器整流罩中一个狭小的空间时，这也会存在问题。

（4）典型的电源运行

尽管电源系统式样繁多，但是大部分航天器上使用的是太阳能电池阵列和电池的组合，尤其是地球近地轨道卫星。其最大的特点在于航天器的电力载荷与太阳能电池阵列相连，这就意味着当航天器位于轨道有光照的一侧时，负载由太阳能电池阵列供电。但是仍然存在一个问题，当太阳能电池阵列指向太阳的面积一定时，就会产生一定量的电源。但是航天器的负载不断变化，例如，负载装置在不同的时间里会重复启动/关闭，子系统元件，如轮子或通信设备，只有在需要的情况下才运行。因此，一方面，太阳能电池阵列的输出是固定不变的，但是另一方面，需要提供给电力负载的电源是不断变化的。为了解决这个问题，太阳能电池阵列上安装了太阳能电池阵列调节器。这个设备结构简单，可以将多余的电源以热量的形式消耗尽。而在另一边，有一个由星载计算机控制的复杂装置，不断地变换太阳能电池阵列的区域，以确保电池阵列的输出能够在任何时间满足负载要求。

同时，电池系统也连接在太阳能电池阵中，当航天器位于太阳光下时，可以对电池进行充电。此时，它就是航天器电力负载中的一个元件。当航天器进入阴影区域时，电池中存储的电能可以提供给有效载荷和子系统。充电和放电过程需要进行小心地控制，以确保电池的寿命可以支撑到整个任务结束。影响电池寿命的主要因素是充放电的次数和每次释放的电量。对于典型的地球轨道航天器，每绕轨道运行一周，就会进行一次充放电过程。因此，对于低地球轨道航天器，每年会有5000次的反复充放电过程。为确保电池不会过早地失效，充放电控制器是必不可少的元件。如果你再想想汽车上的电池，并没有以任何方式控制电池的充放电过程，事实上司机担任了这个角色。

6.7　通信子系统

通信子系统的主要功能是提供与地面的通信链路，下行传输有效载荷的数据和遥测数据，上行传输命令控制航天器，在航天器与地面之间实现双向通信。轨道上的任何活动，如测量空间环境或拍摄银河系，都需要与地面进行数据通信，所以，这个系统非常有意义。

（1）通信频率

卫星通信信息是以电磁波的形式存在的，因此，航天器的通信速度等于光速，大约为300000km/s，低地球轨道航天器的通信非常迅速。但是，对于高轨道地球航天器，它的轨道高度约为38000km，电磁波在轨道与航天器之间的通信时间大约为十分之一秒。也许时间看起来并不长，不过再好好想想，如果我在英国给美国的朋友打电话，这个过程要经历4次这样的通信过程。首先，我的声音要传播到卫星上，然后再下传到位于美国的地面站。我的朋友以同样的方式回复我，这个过程要花费半秒钟的时间。如果我给澳大利亚的朋友打电话，可能传播过程中要途经不止一个卫星，这个过程就需要花费更长的时间，从而严重影响通话的连贯性。所以，对于太阳系内的航天器，它与地球之间的距离非常遥远，如果选择这种双向通信方式，那么对于位于土星上的航天器，单程通信一次就要花费1.5小时的时间。

卫星通信的电磁波波长在2～30cm之间，属于电磁波谱中的微波部分。这类电磁波还可以用于微波炉中，微波炉在工作时通常会释放出波长约为12cm的电磁波。地面站上通信抛物型天线上的微波束通常聚集在天线轴上，并向上指向天空，因此不需要担心它的辐射危害。

当说到通信时，经常涉及的一个单位名词是"赫兹"，而不是波长。总体来说，短波的辐射频率较高，长波的辐射频率较低。这就好比调频广播电台，当调到某个电台时，刻度盘上会显示100MHz，其中M表示单位兆，相当于一百万，Hz表示单位赫兹，等于一秒钟所转的圈数，以此纪念德国物理学家海因里希·赫兹，他对电磁波的发展做出了很大的贡献。

卫星通信的频率通常较高，因此波长较短。通信频率一般为1～15GHz，其中G表示千兆，相当于10亿，对应的波长为30～2cm。为什么选择特定的频率呢？这是由大气中的物理因素决定的。对于与航天器通信的地面站，电磁波必须穿过地球大气层，但是当频率小于1GHz时，辐射能量会被带电粒子（如电离层的电子）耗散尽。电离层位于地球的大气层中，高度超过80km，在这个区域中，氧分子、氮分子等经过太阳紫外线辐射，剥除了各自的电子。当频率超过15GHz时，低空中的水蒸气分子和氧分子会吸收辐射。因此，选择频率为1～15GHz的电磁波最适合于地面站与航天器的通信。

（2）数字通信

卫星通信的另一个特点是数字通信。所有的有效通信信息都被转化成数字0和1（二进制）。这种二进制语言也用在计算机操作系统中。近些年，数码技术被用于电视机、收音机、相册、音乐等各个方面，这种技术的优势在于它能保证音乐或者图像的质量，因为它可以将数字信号与其他的干扰信号轻易地辨别开来。

（3）卫星电话通信

为了描述卫星通信的工作过程，需要先了解如何利用地球同步轨道通信卫星进行洲际通话。1875年，贝尔发明第一部电话时，电话接收器是一个模拟装置，过程中使用的物理量不断变化，如电流，并没有用到二进制数字0和1。

事实上，许多年前打电话是一个模拟过程。两个用户要进行通信，最简单的形式就是将两部电话机用一对线路连接起来。当发话者拿起电话机对着送话器讲话时，声带的振动激励空气振动，形成声波。声波作用于送话器上，使之产生电流，称为话音电流。话音电流沿着线路传送到对方电话机的受话器内。而受话器作用与送话器刚好相反——把电流转化为声波，通过空气传至人的耳朵中。这样，就完成了最简单的通话过程。

因为卫星通信是一个数字过程，模拟信号（话音电流）需要被转化成一串由0和1组成的数字信号。将模拟信号转化成数字信号的过程称作数字编码。表6.8说明了如何将前8位数字（包括0）写成二进制数。再如$8=2^3$，那么相应二进制数就是1000。

表6.8　前8个十进制数（包括0）在二进制中的表示

十进制数	二进制数		
	2^0 1	2^1 2	2^2 4
0	0	0	0
1	1	0	0
2	0	1	0
3	1	1	0
4	0	0	1
5	1	0	1
6	0	1	1
7	1	1	1

如表6.8所示，二进制中每一位数代表了2的幂，例如，对于一个十进制数5可以写成二进制的形式101，因为5＝（1×1）+（0×2）+（1×4）。同样的，十进制数6对应的二进制数为011，因为6＝（0×1）+（1×2）+（1×4）。这种二进制语言的方式一直

被广泛地用于计算机操作系统中。

那么，如何将快速变化的话音电流转化成由0和1组成的字符串传递给卫星呢？为了更清晰地加以说明，这里将其中一小部分模拟信号放大。在某一时刻，话音电流在点1的值I_1，它可以被转化成八位二进制数。每隔一个采样时间，测量得到话音电流值I_2，同样被转化为八位二进制数。这个过程一直持续，将语音电流转化成一长串由0和1组成的二进制数。通常每秒采样8000次（采样时间为0.000125秒）。采样时间足够短是为了保证原声的质量。利用这个方法，一部数字电话的声音数据率大约为64000位/秒，相当于64kbps，其中k代表千，等于1000。熟悉计算机的读者应该对数据率这一概念很熟悉，如常常会说到宽带带宽5M，即5Mbps。

将声音传输给卫星的过程还需要将代表声音的数字位流加载到电磁波上，以便可以通过地面天线传播到航天器上，这个过程称为调制。调制就是指将包含信号的数字位流上传到载波上，向卫星进行传播。载波的工作就是将信息从地面站运送到航天器上。最初，载波就是一种单一频率的电磁波，接下来的几幅图说明数据位流需要由载波携带，并且可以通过三种方式实现。第一种方式是调幅，由于波的振幅随着数据位流上数值的改变而改变，当二进制数为0时，振幅为0；当二进制数为1时，振幅为1。第二种方式是调频，当二进制数为0时，波的频率低，反之，波的频率高。第三种方式是相位调节，当数据位流上的数由0变为1时，或者反过来由1变成0，载波的相位就要变化180°。在数字空间通信中，这是最为常见的调制方式。

当目的地的地面站接收到载波时，以上过程需要反过来执行一次，以便电话另一边的人可以听到说话的内容。这时，需要对载波进行调制解调，得到数据位流。因此，还需要用到模拟信号-话音电流转化设备，对数据位流进行解码。这个过程看似复杂，但实际上人们每天都会接触到。

每一时刻会发生成千上万个电话交谈，它们都共用同一条通信链路。为了防止电话之间发生干扰，每个电话都拥有不同频率的载波。所以，地面站传播的载波范围通常在$6 \sim 6.5$GHz。卫星接收到信号后，首先对其进行放大，改变载波频率为$4 \sim 4.5$GHz，并重新传送给目的地地面站。由于上行过程信号强度会减弱（大概为10^{-8}W），因此放大过程是非常重要的。因为在上行和下行的过程中通常使用同一根天线，为了防止扰频，所以需要改变频率。

到目前为止，本节所讨论的还只是电话通信，但是空间中的通信远不止这些。举个例子，星际航行航天器或者对地观测卫星拍摄的图像通常需要空间通信链路来进行传输，这

图6.12　航天器和地面通信天线

仍然是一个数字化的通信过程。航天器使用的都是数字相机，因此相片也都是数字化的，需要使用上面提到的方法将相同格式的图像下传到地面上的计算机。

航天器通信系统的设计取决于地面通信系统对航天器任务的要求。图6.12显示了一个典型的航天器地面通信基站，该基站由地球同步卫星使用。通信系统在工程中设计的主要工作是确定航天器天线的尺寸以及发射功率，其目的是保证通信质量。通信系统的整体物理特性（包括航天器和地面站）设计是设计过程中的主要工作，这些工作包括测定天地通信距离、使用的通信频率、地面站的功率以及信号的大气耗散。

航天器通信系统最重要的两个特性是发射功率和增益。在使用手机时，人们对通信系统的发射功率有一个模糊的概念，手机上有指示信号强弱的小图标，如果信号存在则表明附近有足以覆盖该点的通信基站，该基站可以提供发送和接收信号的服务。距离基站越远，信号越弱，这时其他覆盖该点的基站就会提供通信服务。与上面的概念类似，衡量航天器通信质量的因素是其通信系统的发射功率。然而，仅有发射功率的支持是不够的，如果通信天线（通常是锅盖形的）拥有足够高的增益，那么航天器的通信效率就会大大提高。一般来说，锅盖越大，增益越高；锅盖越小，增益越小。可以用手电筒灯泡来理解增益的概念。就产生的光而言，手电筒产生的功率是很小的，比一个标准的探照灯泡的功率小多了。如果把灯泡从电筒里取出来，直接接上电池，它产生的光照不足以照亮一个黑屋子。如果将灯泡装在电筒上，电筒的反光壁就像天线的锅盖一样，产生的光柱如果目视则足以让人产生眩晕。电筒的反光壁能产生一定的增益，能有效增加电筒轴向的辐射增益。

这与航天器的锅盖天线非常类似，航天器产生的微波被锅盖集中并发射给地面上的接收锅盖。这能有效增加地面接收天线的接收功率，为了达到好的通信连接质量所需的接收功率，航天器的设计者们有一个选择：他们可以选择使用大功率小增益天线或者使用小功率大增益天线。这种功率-增益交换问题是通信系统设计中的主要问题。这种设计影响到航天器本身的设计，对于深空探测的航天器来说尤其重要。例如，卡西尼号探测器、惠更斯号探测器以及新视野号探测器（图6.13），他们看上去更像一个飞行的锅盖。在远离太阳的深空，产生大量的电能是非常困难的，因此，通信系统一般拥有很低的发射功率，但是天线的增益非常非常高，这样才能使信号跨越遥远的距离到达地球。

图6.13　艺术家想象的新视野号探测器

6.8　星上数据管理系统

星上数据管理系统（OBDH）的主要功能在于为载荷和其他数据提供存储和处理的能力，同时允许子系统之间进行数据交换。由上面的简单描述可知，该子系统主要由计算机、外围设备和软件组成。OBDH 系统分布在航天器的各个部分上，它保证航天器各个子系统正常运转，也保证系统之间的数据通信正常。尽管 OBDH 系统是一个虚拟系统，它主要由计算机处理器和计算机程序组成，但对于地面操作员来说，它也许是最实实在在的一个系统。地面站和航天器的通信交互有两个方向：上行，主要是指令；下行，主要是载荷数据和遥测数据。

（1）指令功能

地面操作员通过上行链路给航天器发出动作指令。指令通过接收、翻译，最终分发给 OBDH 系统。指令任务也许会很简单，如打开加热电池的开关；也许会是一个很复杂的工作，如将空间观测站重新指向空间中的一个点，或者命令一个地球观测卫星生成一幅地球特定区域的图像。这种命令功能很重要，它使得地面操作人员可以控制航天器的动作。但是，这种指令的执行方式应当是可靠的。举例来说，上传的指令应该是有效的，这保证了该指令的正确接收。之后，OBDH 系统需要确认上传指令被正确加载。这通常由遥测工作完成。这些内容听起来并不乏味，但是一些非常昂贵的航天器就是因为一些简单的错误指令或者执行了未经确认的指令而永远丢失了。

（2）载荷数据和遥测功能

也许 OBDH 系统最重要的角色就是保证载荷产生的数据被正确传输到通信系统中，并被成功下传到地面。有时，这些数据需要经过 OBDH 计算机的处理，这些处理包括存储、误差检测和修正以及数据对比。对于一些航天器而言，如需要处理图像的通信卫星，载荷生成的数据量是非常大的。对于低轨航天器而言，有时在生成载荷数据时，地面站还不在通信范围内，生成的数据需要被临时存储起来，等到地面站出现在通信范围内时再下传数据。这些存储设备是 OBDH 系统的一部分，以前，最常用的存储设备是磁带。目前，计算机中使用的固态存储介质也开始在卫星中使用以替代磁带。这些介质提供了大量的数据存储空间，这些空间有几百G字节，但是它们容易由于辐射而产生错误，为了最小化这种数据错误的影响，错误检测和修正程序会连续地扫描存储介质，这些程序也是 OBDH系统的一部分。在一些情况下，载荷所产生的数据量非常之大，以至于下行链路无法承载，因此数据需要使用 OBDH 软件进行压缩处理。原始数据不会因为压缩（缩小体积）而造成数据损伤。压缩的基本原理在于抹掉冗余的数据或者重复的内容，去掉不需要的信息或者降低数字图像的分辨率。

OBDH 系统的另一项主要工作是进行遥测。航天器上分布着各种各样的传感器，这些传感器监测着航天器的健康状况以及星载设备的工作状态。它们监测电子设备的温度、燃料箱的压力、电源的电压和电流等。设备的运行状态，如当前是打开还是关闭，也由传感器进行监测。这些积累的数据会被转换成数据流，并以几kbps的速度下传到地面，在操作间的计算机显示器显示出来。使用这套系统，航天器上出现的问题将会被快速发现并修正。

6.9　热控子系统

对于在轨工作的航天器而言，热控子系统的质量所占的比例是很小的，但是其在航天器上的覆盖面却是非常大的。图6.14为地球观测卫星Spot 5发射前的场景，它看起来像一个被金箔或者银箔包裹起来的巧克力盒子，这个"箔"就是多层绝热瓦，这在之前的章节中提到过。层箔还有其他特性，如像镜子一样的表面和漆白的表面，这些都是一个典型的热控系统设计的特征。下面介绍一下为什么热控系统是这样的。

通过表6.1可知，热控系统的主要任务是为航天器提供一个合适的热环境，来保证载荷和其他系统正常可靠地工作。

（1）装备可靠性

普通的航天器都配有电子和机械设备，用于完成太空任务。大多数装备，尤其是电子装备，都是由类似的装备和工业装备开发而来的，这些装备设计用于地面操作。换句话说，这些装备继承了地面装备的技术，它们在常温下可以工作得很好。热控系统的一个主要设计目的是为航天器上各种装备提供近似于地面温度的热环境。这和家电类似，举个例子，如果这里将电视放进冰箱或者烤箱，那么它们的寿命就会大大缩减。类似地，对于大多数航天器的部件和设备而言，它们需要工作在热允许范围内以保证正常工作。表6.9指明了一些航天器装备工作的适宜温度范围，这是热控工程的设计人员在设计热控系统时需要考虑的。

图6.14　Spot 5地球观测卫星
（热控系统决定航天器的外观）

表6.9　设备运行的适宜温度范围

组件	适宜温度范围/℃
电池	0～25
推进器	10～50
电气设备	−5～40
机械设备	0～45

（2）载荷需求

正如在之前提到的那样，一些特定的载荷需要在严格的温度范围内才能正常工作，这关系到热控系统的设计问题（图6.1）。为了说明这点，使用一个拥有大型图像设备的航天器作为例子，如对地观测卫星或者太空望远镜。这两种航天器的成像设备都由大量的镜面和镜头组成，它们在工作时捕捉太空中微弱的光线并在数字相机中成像。为了对焦，镜头、镜面和探测器需要相互保持合适的距离。为了达到这个目的，这些光学组件被安装在固定的结构上，通常称之为光学平台。这个结构需要非常稳定，以保证在经过航天器发射过程的巨大冲击之后仍然使得光学系统正常工作。但是其另一个重要的特征就是热控设计。在轨道上，航天器暴露在极端温度下，如果没有热控系统的保护，光学平台将会随着温度变化而产生形变。对于成像质量来说，光学组件之间小的相对运动的破坏力是巨大的。所以，热控系统的工作在于使载荷与极端温度隔离开来，以此保证它的正常工作。对于大的太空望远镜来说，如哈勃太空望远镜，这项工作是极具挑战性的。

（3）轨道热环境

为了保证航天器和其组件的温度保持在要求的范围内，热控设计工程需要考虑加热和冷却航天器的物理因素。工程师们在设计时努力保持冷热的平衡，这样航天器就不会过热或者过冷。如果将注意力放在地球轨道的航天器上，那么可以总结出加热航天器（加热的因素）和冷却航天器（冷却的因素）的热环境规律。

（4）热量输入

加热航天器的机械因素如图6.15所示。主要的加热因素来源于太阳热辐射，亦即太阳电磁辐射。太阳辐射的热功率大约是每平方米表面积1.4kW，此外，航天器还会吸收地球表面反射回来的太阳热辐射。大约三分之一照射到地球上的太阳辐射会被地球反射回太空，反射地点大多数位于云层和海洋。这被称为地球辐射反照率，这也会加热航天器。另外一个被称为地球热辐射的热源是地球产生的红外线，因为地球本身也是一个产热体。有时，人们能感受到热辐射，如当人们坐在燃烧的火炉旁边时，能感受到热量辐射到脸上。然而，这样产生的热辐射依赖于热源的温度。当热源的温度高于绝对零度时，上面的情形就会发生。在摄氏温度中，绝对零度是−273℃，这样说是因为这是物理世界能达到的最低温度。

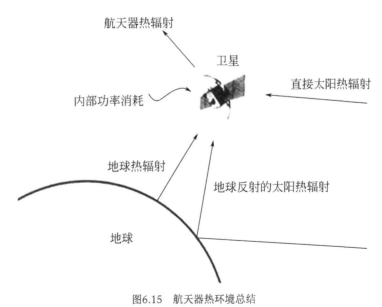

图6.15 航天器热环境总结

像地球、人体等物体产生热辐射是因为它们的温度高于绝对零度。地球的温度大约是20℃（平均），它产生的热辐射场会轻微加热航天器。地球热辐射和地球反射辐射都给航天器提供了热量输入，这种热量输入随着轨道高度的增加而以二次方速度降低。最终，给予航天器系统加热的最主要因素不是外部热源，而是内部热源，称其为内部能量耗散。通常，航天器由电子和电气设备包裹，电子和电气设备的电能利用并不是特别有效率，有10%～50%的电量以耗散形式释放出来。这不仅仅是航天器的设备特征，地面设备也是这样。举例来说，打开一台电视机，几个小时后，当将手放在电视机后面的散热孔处，会感觉到电视机所使用的电能不仅用于产生声音和图像，还用于产生热量。内部产生的耗散热是航天器内部加热的一个主要热源。

（5）热量输出

除非有一些排热的方法，否则航天器将会越来越热，表6.9所示的温度允许范围终将会被超越。然而，作为一个产热体，航天器本身也会产生热辐射，辐射强度将会随着航天器温度的增加而增加。这种航天器热辐射是航天器降温唯一的有效手段。

（6）热平衡

通过上面对热环境的讨论可以知道，在某个特定的温度下，热量输出和热量输入会达到平衡，这时航天器的温度就会接近稳定，称这个稳定的温度为平衡温度。热控设计的主要工作就是使航天器达到热平衡时，平衡温度在室温左右。如果能达到这个目的，那么航天器携带的设备就可以稳定地以设计寿命工作。

（7）热控设计

热控工程如何达到这个目标呢？在介绍这一部分时，热控系统就是人们看到的那样，基本上这也就是它能达到这个目的的原因。首先，需要讨论材料的热特征，即为什么有的材料在太阳照射下会变得非常热，而有的材料则会保持冷却。如果你在夏天温度很高的一天赤脚在海滩上走，那些沙子和沥青就非常热并且会灼伤你的脚，而走在另一些材料上，如木头上就会觉得很舒服。

回到刚才的主题上，一个航天器热控设计工程师，他的一个邻居拥有一个巨大的摩托艇。对艇来说，有一个问题很困扰：艇的甲板是不锈钢材料的，当在太阳下暴晒一段时间后，甲板的温度会高得让人不能忍受。这个朋友做了一个简单的计算，并估计出不锈钢甲板的最高温度几乎能达到100℃。解决这个问题其实很简单，航天器工程师建议将艇容易被太阳晒到的部分表面漆成白色。这是由于白色漆面不利于吸收太阳热量，但是利于释放热量。结果，甲板表面的温度降到了室温，艇的主人非常高兴。显然，游艇制造商可以从航天器工程师那学到一些东西。

航天器的一些表面有利于吸收太阳产生的热量，但是不利于散热。例如，铝制的表面非常有利于吸收热量但是非常不利于耗散热量。暴露在太阳辐射下的地球轨道航天器的铝制表面温度可以达到300～400℃。另一方面，一些表面又不利于吸收热量，但是利于耗散热量，如漆白的表面，这样的表面在太阳直接照射下都能保持冷却。如果在铝制表面覆盖一层漆白的绝热层，那么这个表面的温度将会降至20℃左右。很明显，精确的数据取决于航天器所在的轨道，因为这决定了航天器处于日照状态的时间和航天器处于地球阴影的时间。这些称为材料表面热属性的特征被热控系统用来调节热量输入和输出的平衡，使得平衡温度对航天器而言能保持在室温左右。这也是为什么航天器能如所见的那样工作，因为有各种各样的材料被用来保持热平衡。

如图6.13所示，可以看到一个漆白的通信锅盖来保证它在面对太阳时保持低温。然而，这种情形下热控设计的主要特征还是大量使用绝热毯来将航天器和太阳辐射隔离开来。这就使得航天器表面看起来像是被金箔或者银箔包裹着一样。绝热毯，有时被称为多层绝热材料（MLI），是由多层薄塑料膜以及铝丝膜（或者银丝膜，或者金丝膜）组成的。每一层独立的膜都类似于在终点递给马拉松运动员的毛巾来保持体温一样。MLI材料的每一层都和下一层保持独立，中间由尼龙纱隔开，这样绝热毯的隔热效应就能最大化。

然而，如果将航天器用多层绝热材料完全包裹住，那么电气设备产生的热量就很难耗散掉，航天器内部就会变得非常热。所以，图6.14中所示部分的MLI材料被剪掉了，这里用一种表面覆盖材料，这有利于反射阳光，耗散热量，而不利于吸收热量。结果是，这个部分会一直保持冷却，甚至直射阳光时也是一样，并且这一部分有利于内部热量的耗散。通常，产热最多的电子设备被安装在这些散热器的内表面来保证它们的温度不会太高。

与航天工程的很多方面类似，布局设计来自大自然给予人类的启发，例如，热控系统的布局就和北极熊管理自身热量的结构非常类似。与一个航天器类似，一头北极熊需要在恶劣的低温环境中生存（图6.16）。为了在寒冷的极地区域保持体温，它需要很好地利用它的毛皮大衣的绝热性能。另一方面，它也确实需要一些有效的散热表面来保证身体在进行运动或者夏天来临时不会过热。因此，它同样拥有散热面，如它脚上的掌垫、它闪亮的鼻子以及它的舌头，这些部分能将身体内的热量耗散掉。同航天器类似，在环境变冷时，它需要足够好的绝热措施来保持热量，而在环境变热时，需要足够多的散热面积来给自己降温。

图6.16 热控系统的启示——北极熊

6.10 结构子系统

航天器结构子系统的功能是为航天器提供一个刚性的内部空间框架，这些空间可以用来装载各种各样的载荷和各种子系统构件。通过表6.1可知，这种框架的功能在于为所有的载荷和子系统硬件提供结构上的支持，这种支持需要适应各种环境（尤其是发射时的严苛环境）。这里，最重要的就是"适应各种环境"。当在工程中进行一个新的航天器结构子系统设计时，首先要考察航天器面临的最恶劣的工作环境——发射阶段的工作环境，因为这种恶劣的工作环境包含大的加速度、强振动、冲击作用和噪声。发射机构为航天器入轨过程中所有这些方面的问题提供了细致的信息，结构设计的主要工作就在于保证航天器从发射到入轨过程中的安全。

（1）设计需求

结构子系统需要考虑如下重要因素，其中许多方面都和发射过程的需求相关。

① 减小航天器的质量。尽管结构强度对航天器来说很重要，但是设计人员仍然会千方百计地降低航天器本身的质量。正如前面所述的那样，航天器的发射成本会随着质量的增加而陡增，因此，限制航天器本身的总质量是航天器设计中最重要的问题。

② 结构的刚性和强度。结构的刚性和强度必须足够抵抗发射和在轨的各种恶劣环境的冲击，否则一些对指向精度要求较高的设备，如相机、望远镜或者通信天线等就无法正常工作。

③ 环境保护。航天器的结构需要为设备提供一个比较合适的工作环境，这就需要隔离一些外界环境的不利因素影响，这些因素包括太空辐射、空间碎片和微流星的撞击。

④ 运载工具接口。航天器和运载工具的连接接口也影响着航天器的整体设计。连接接口需要保证航天器和运载工具连接稳固，并且可以安全可靠地将航天器释放入轨。接口的位置也影响着载荷在航天器中的分布设计。

（2）材料

哪种材料能够既满足结构强度的要求，同时也能满足小质量的要求呢？最常用在航天器结构上的材料是铝蜂窝板。它是用一片类似蜂巢结构的铝制薄片，在上下表面覆盖上铝制表皮而组成，结构如图6.17所示。这种蜂窝结构类似于蜜蜂的蜂巢，只不过是铝材料制成的。

一片这样的蜂窝板看上去很脆弱也很柔软，甚至用镊子就能将其破坏。然而，一旦将铝制表皮粘在蜂窝板的两个表面，让其成为一个蜂窝板"三明治"，那么这个蜂窝板就会又轻又坚硬，为航天器的机构提供理想的材料。

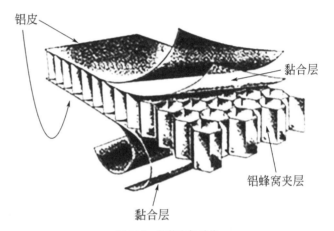

图6.17　铝蜂窝板结构

这种材料应用的一个例子如图6.18所示，它描述了一颗通信卫星中央类似于盒子的基本结构。其中心的喷气锥是航天器的主推进系统，也是和运载工具的接口位置所在。这个部位在发射至入轨的过程中承载了最多的载荷。

图6.19所示为一个航天器各个子系统的分解图，该例子为一个通信卫星，其载荷定义为通信子系统。这些子系统

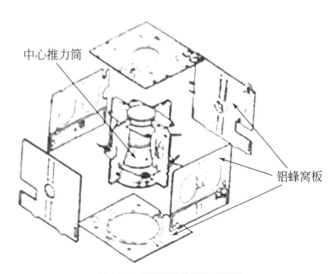

图6.18　航天器结构系统示意图

都是本书讨论过的，这幅图为本章所讨论内容提供了一个简明的总结。另外，还有姿态控制系统、电源子系统、推进子系统、热控子系统。

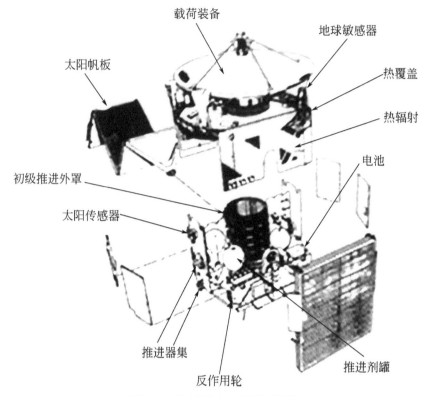

图6.19　航天器各个子系统的分解图

第 7 章
小卫星及其编队

7.1 小卫星技术

随着科学技术的发展，现代小卫星的优势越来越明显：一方面，不少航天大国已经将现代小卫星技术列为航天技术发展中的重点领域之一；另一方面，随着军事航天的发展，航天装备正在加速转型，即由原来的空间支援与力量增强，转为空间控制与力量运用。所以，现代小卫星已经成为军事强国发展的战略重点。

7.1.1 现代小卫星的分类及发展模式

从1957年开始升空的第一批人造卫星均属于小卫星；进入20世纪70年代以后，随着卫星应用需求的扩大，大型卫星成为航天领域发展的主流。但由于大型卫星具有技术复杂、研制周期长、成本高和风险大等弱点，同时随着微电子、微机电、计算机和新材料等技术的飞速发展，导致航天领域在研制大卫星的同时，又开始重视卫星的小型化工作；20世纪90年代以后，出现了大、小卫星并举的局面。

但是，目前新一代的小卫星并不是早期小卫星的简单回归，而是一个质的飞跃。新一代小卫星亦称现代小卫星，它是按照 NASA 提出的"更好、更省、更快"的原则发展起来的，是在新技术基础和新生产力水平上涌现出来的产物，其技术密集程度和功能密度都大大提高，并正在促使航天领域发生深刻的变革。

现代小卫星包括小卫星、微小卫星、纳卫星、皮卫星和飞卫星，其划分标志是它们的湿质量，即"自身质量" ＋ "燃料质量"。按照它的湿质量分类，现代小卫星的分类如表7.1所示。另外，纵观现代小卫星技术的"过去、现在和未来"，可概括为两种发展模式和三个发展阶段，具体内容分别如表7.2和表7.3所示。

表7.1　卫星的分类

卫星	湿质量
传统大卫星	>1000kg
传统小卫星	500～1000kg
小卫星	100～500kg
微小卫星	10～100kg
纳卫星	1～10kg
皮卫星	0.1～1kg
飞卫星	<0.1kg

表7.2 现代小卫星的两种发展模式

发展模式	内容
以美国为代表的模式	（1）军方与商业公司之间相互配合、彼此牵动、共同发展； （2）强调具有创新技术的试验型卫星，以期跳跃式地提高小卫星的智能化和功能密度； （3）商业公司瞄准星座的开发应用
以欧空局、日本、英国等为代表的模式	（1）充分利用成熟的先进技术； （2）利用自身微型系统技术方面的能力； （3）采用商品化部件

表7.3 现代小卫星的三个发展阶段

阶段	年代	表现形式
第一阶段 探索研究阶段	1985—1990年	采用微电子学、高速计算机等方面的经验，扩大了现代小卫星的应用范围
第二阶段 初步形成规模阶段	1990—2000年	采用高新技术成果，成为名副其实的性能高、成本低、研制周期短的现代小卫星
第三阶段 发展应用阶段	2000年至今	采用最新科技成果、全新设计概念和先进的管理方式，实现现代小卫星的快速发展，科学高效的管理机制，包括矩阵式管理模式

7.1.2 现代小卫星发展的若干问题分析

（1）现代小卫星发展的原因

现代科技是现代小卫星发展的技术前提，社会需求是现代小卫星发展的动力。从目前发展趋势看，支持现代小卫星发展的具体原因可归结为4个方面：

① 先进的微电子技术、数据处理与存储技术、遥感技术和智能计算等技术的发展。

② 小型火箭、改进的洲际导弹和其他中程导弹进入发射市场，以及一箭多星发射技术。

③ 现代小卫星发展最有诱惑力的地方是成本减少，但性能不降低。

④ 很多没有航天基础设施（如测控网和大型发射场）的国家，不必借用其他航天大国的支撑，利用小卫星独立进入空间，实现对地观测、导航和通信能力等。

（2）现代小卫星与传统大卫星的关系

现代小卫星不仅具有体积小、质量轻、技术含量高和研制周期短等一系列优点，而且还可以采用标准化星体及模块化设计技术，能够在流水线上批量生产并储存，便于机动发射。例如，现代小卫星从立项研制到发射，一般仅需要1年左右时间，而通常传统大卫星从研制到发射需要5～8年，经常出现卫星采用的技术落后于当前流行的技术，大卫星发射一般要3个月左右时间的准备工作。

另外，由于现代小卫星相对于传统大卫星有着诸多技术和成本等优势，因此，现代小卫星对传统大卫星产生冲击是不可避免的。在现代小卫星出现的早期，有些专家曾预言，"伴随着小卫星设计与制造技术的发展成熟，小卫星最终将有可能完全取代大卫星，并成为空间任务的具体承担者。"但纵观航天领域的过去和现在，现代小卫星和传统大卫星之间的关系应该是相互补偿，而不是竞争。

尽管现代小卫星具有的优点是传统大卫星无可比拟的，但也存在一些固有的问题，如表7.4所示。针对具体航天任务，将现代小卫星作为传统大卫星的补充，二者并行发展，才能充分利用大、小卫星技术的优势，合理组合，不仅有利于降低成本，而且又不至于使得应用与管理过于复杂。

表7.4　现代小卫星的优缺点

优点	缺点
研制或制造成本低	寿命短
发射成本低	轨道衰减快
容易批量生产	输出功率低
研制或制造时间短	承载荷能力小
采用先进技术	资源有限
失败时损失小	产生空间碎片

（3）现代小卫星改变了卫星制造的格局

随着卫星的应用前景越来越好，特别是移动卫星通信和卫星广播电视的巨大应用价值，很多国家看好这个领域；但由于财政经济压力，同时又面临着国防发展和民用市场需求，所以很多国家开始形成了一个联盟，积极参与现代小卫星的开发、研究、制造和发射过程。

另外，在过去，卫星技术是极为特殊的领域，卫星制造基本是由一些技术实力强的国家和比较大的宇航公司承担，但近些年来，很多大学和发展中国家也开始研制卫星。目前，微小卫星、纳卫星和皮卫星等航天器大部分采用民用器件，研制过程中所获得的知识和经验也被直接转化到其他应用领域。所以，现代小卫星不仅带动了其他学科领域的发展，同时也为验证新技术在航天系统中的应用发挥了相当大的作用。

再有，在深空探测、太阳系外飞行和星群编队领域，很多大学正在积极探索。美国、加拿大、中国、韩国以及一些欧洲国家，正在通过大学的小卫星演示项目来获取航天工程经验。

最后，航天子系统的故障模式还没有有效的地面验证手段，首次飞行试验就算是最好的验证方式，从这一点看，现代小卫星将承担这个重任。

（4）现代小卫星面临的技术挑战

从卫星研制和组成来看，它的分系统质量占整个卫星质量比例的依次顺序为电源分系统、结构分系统和姿轨控分系统，但从制造成本看，其顺序正好相反（表7.5）。由此可见，质量大和投资多的分系统是现代小卫星研制过程中必须解决的问题。从降低质量和提高功能密度来说，姿轨控分系统、结构分系统和电源分系统可挖的潜力很大。

表7.5 一般卫星分系统的质量和成本

分系统名称	质量（占总质量%）	成本（占总成本%）
电源分系统	37%	10%
结构分系统	26%	13%
姿轨控分系统	21%	15%

人们一直有一种倾向，认为现代小卫星是实现廉价空间任务的最好途径。实际上，空间任务成本与任务需求有直接关系，但大部分国际空间组织，没有为了减少装备成本而降低性能，由此给现代小卫星研制带来很大的挑战。

首先，现代小卫星由于质量要求，进而限制了太阳能电池阵列的大小，因此提供的能量也有限。另外，能源的可用性又限制了微处理器运算能力和天线通信能力。例如，对于射频的功率，微小卫星为12W，纳型卫星为0.5W。此外，现代小卫星使用的各种通信系统，包括甚高频（VHF）、特高频（UHF）和微波测距从30波特到1M波特，所以，纳型卫星不得不采用没有增益的全向天线（这些天线不需要跟踪）。

其次，现代小卫星与地面站的联系完全依赖于轨道模型预报，有时一周通信一次。有限的通信机会、有限的带宽、有限的监测能力等，所以要求现代小卫星具有自主能力，而自主能力又很难在有限的资源下完成。另外，冗余设计也必须有选择性，因为资源的限制，现代小卫星不得不按照最小的冗余备份设计。

最后，小卫星高的成本效益必须有新技术的支持，因此小卫星领域关键的问题是风险管理。

7.2 编队飞行与应用

编队飞行、自重构星座以及模块化卫星等，是现代小卫星应用的亮点，如 NASA 的 X-星座、欧空局的Darwin任务。它们编队飞行，就像鸟群飞行一样，只不过现代小卫星是绕着地球轨道飞行。从工程定义的观点来看，不同的群星模式具有不同的技术特征，具体如表7.6所示。

表7.6　星群飞行的典型模式

模式	队形描述	应用实例
主从编队	（1）多颗卫星在同一轨道上； （2）卫星之间具有等级关系； （3）卫星移动可以从不同的时间观测目标； （4）相互协作完成任务； （5）星上部分资源可以共享； （6）星群飞行涉及卫星间，相对距离和几何形状的需要控制	Landsat 7 EO-1 CALIPSO CloudSat Terra with Aqua 3
星族	（1）在轨道上的卫星是随机分布的； （2）卫星之间的运行是协作和相互依赖的； （3）卫星移动可以从不同的角度、时间和距离观测目标； （4）不需要推进系统维持其相对位置； （5）星上部分资源可以共享	TechSat-21 Constellation-X Darwin F6
星座	（1）一组类似的卫星，同步运行； （2）它们可以交叉覆盖和补充，而不会干涉其他卫星覆盖； （3）相互协作地对地覆盖； （4）星间的轨道位置需要保持	GPS Globalstar Iridium Glonass Orbcomm DMC RapidEye Galileo

现代小卫星可根据需要在单轨道或多轨道平面上构建起应急的星群体系，完成传统卫星不能完成的重任。星群对有些任务是有益的，如利用微小卫星和纳卫星的优化重构星座获得全球覆盖能力。但是，不是在任何任务中小卫星系统都比大卫星系统成本低，有时也要集中载荷才能圆满完成任务，如大的光学侦查系统、大功率通信广播系统。表7.7结合星群飞行应用，给出了星群飞行的优缺点。

表7.7　星群飞行的优缺点

优点	缺点
（1）多任务具有在轨重构能力，在任务期间，可以集成一些新技术和柔性设计； （2）本身固有的自适应性，可增加一些新的和更换一些老的小卫星； （3）编队卫星可以批量生产，所以可以减少设计成本和研制时间； （4）编队协作运行，所以可以减少单颗卫星的体积和质量； （5）整个编队具有高冗余性，增强了容错能力，将故障减少到最小损失。更新和维护，单颗卫星工作不影响整个编队系统； （6）可以从不同角度观察目标和从不同时间观察目标，增大了测量视野，所以任务得到改善； （7）质量和体积减小，所以可减小发射成本和增加发射的灵活性 （8）分布式载荷，在没有增加成本的基础上，完成复杂的任务，而且风险仅仅在单颗卫星上	（1）每个星族都有一个核心系统，所以维持它们的日常经费要比一颗大卫星多； （2）发射后，要考虑编队初始化和位置保持，特别是编队卫星被分散发射时，给问题带来复杂性； （3）对地面测控增加了一些复杂性； （4）如果不是商用，小卫星的成本比大卫星要高，因为小卫星对载荷要求更苛刻； （5）对于某些卫星队列，由于卫星载荷不是在同一个平台上，如遥感相机等，可能要产生安装误差； （6）在编队卫星寿命结束时，增加了轨道碎片，由此引出了一些贵重而复杂的定轨系统

综上所述，NASA 的关于现代小卫星的理念是"faster（更快）、better（更好）、cheaper（更省）"，从国际上对现代小卫星的研究和应用状况看，未来的发展将从以下几个方面开展研究工作：

① 在性能不变的情况下，尽可能地降低空间任务的成本，即用低成本去完成传统的空间任务。

② 通过简单的设计获得高可靠性产品。

③ 引入人工智能等新技术成果，用智能星群完成更复杂的任务，甚至完成大卫星不能完成的任务。

7.3　模块化分离卫星

模块化分离卫星是军事航天和科学技术发展的结合产物。模块化分离卫星的概念一经提出，就得到美国军方的高度关注，DARPA（美国国防高级研究计划局）为了验证这种理念，于2007年推出F6^①计划，并将其作为"作战快速响应计划的一个核心组成部分"。

7.3.1 模块化分离卫星的产生和目的

（1）模块化分离卫星的概念

模块化分离卫星系统是将卫星分解成若干个不同功能的模块，将诸功能模块送入各自的空间轨道，构成星群，每个模块执行自己的功能，模块之间通过无线接口相互配合，实现信息共享和能量传输，各模块通过在轨编队飞行构成虚拟大卫星。

（2）模块化分离卫星的目的

模块化分离式卫星的构想是围绕任务使命，把一个卫星的任务载荷、能源、通信、导航、计算处理等功能单元优化分解为多个模块，而不是机械地拆分卫星的分系统。每个分离模块从本质上说仍然是一颗卫星，携带与航天任务相关的不同功能和资源，采用物理分离、星群自由飞行、无线信息交换和无线能量交换方式，功能协同，资源共享，构成一颗虚拟大卫星来完成特定的任务，如图7.1所示，甚至发展成为支持多样化空间任务的天基基础保障设施。

图7.1　模块化分离卫星形成一个虚拟大卫星

（3）模块化分离卫星概念的发展历程

1981年，法国和英国宇航公司的研究人员以静止轨道通信卫星为参照，比较了分离模块概念与传统概念的技术性能和成本优势。后来由于技术条件，该概念没有得到广泛的重视。

2001年，美国国防部转型办公室提出空间飞行器的联合作战概念，后演变成"快速响应空间"（ORS）计划。与此同时，美国国家太空安全管理组织指出美国太空设施存在很大的脆弱性，极易遭受攻击，并且认为必须加快发展"机动"太空装备。

---

① F6是验证模块化分离卫星概念的重大项目，"F6"英文全称为"Future，Fast，Flexible，Fractionated，Free-Flying Spacecraft united by information exchange"，直译为"利用信息交换链接手段的未来、快速、机动灵活、分离模块、自由飞行卫星"。

2005年9月，麻省理工学院在美军快速响应思想的影响下，对模块化分离概念展开了研究，提出了模块化分离研究项目。随后，DARPA和空军实验室又分别开展了一系列相关概念的研究。

2006年，DARPA在加利福尼亚州召开了分离模块卫星研讨会，针对概念和关键技术进行了广泛调研和深入研究。

2007年，DARPA将模块化分离概念遴选为正式研究项目，提出模块化分离卫星概念，命名为"F6系统"，予以投资发展。此举表明，模块化分离卫星概念是可行的，同时也认识到模块化分离卫星对军事航天具有广泛的应用前景。

7.3.2 模块化分离卫星的研制计划和技术特征分析

（1）研制计划

模块化分离卫星的概念一经提出，就得到美国军方的高度关注。DARPA以关键技术的研制和飞行演示验证的试验为目标，对F6项目制订了跨度4年的实施计划，分4个阶段实施，每个阶段的具体内容如下：

第一阶段（F6概念和F6系统设计阶段，相当于方案论证阶段）进行系统概念设计，完成轨道动力学研究，设计系统体系结构，进行相关软件仿真。

第二阶段（方案详细设计和部件试验阶段，相当于初样研制阶段）进行系统详细设计，完成关键设计评审。

第三阶段（系统集成和地面测试阶段，相当于正样研制阶段）进行分离模块卫星硬件制造、系统集成和地面试验。

第四阶段（发射试验阶段）发射并在轨演示验证模块化分离卫星概念。

（2）关键技术

目前，以F6项目为代表的模块化分离卫星系统包括六大特征：自动发现、自动配置、故障自动愈合的自组织网络技术；安全、可靠、抗干扰的无线通信技术；开放、可扩充性、自适应性、容错的分布式计算技术；高效、可靠、无干扰的无线能量传输技术；自主、碰撞规避、星群分散重聚的星群导航控制技术；分布式有效载荷技术。

模块化分离卫星的研究面临着许多新技术的挑战，欲使其能付诸工程实施，必须研究开发一系列关键技术：

① 卫星功能模块的分解与无线接口技术，包括功能模块的自适应技术。

② 模块间无线传输技术，包括模块间电能传输技术和模块间信息传输技术。

③ 整星编队飞行控制技术，包括功能模块的位置与姿态的保持、控制技术。

④ 数据网络和信息处理技术，包括功能模块间统一的标准化数据IP、软硬件接口标准和在轨数据处理技术。

⑤ 模块化分离卫星的地面环境模拟试验与演示验证技术。

其中，无线能量传输技术的成熟度最低，它包括近场的电磁感应传输技术和远场传输的微波、激光和聚光传输技术。

（3）先进性分析

模块化分离卫星是科学技术发展和空间安全需求的产物，其先进性和实用性主要体现如下：

① 有利于用较小的代价实现大型、巨型卫星的建造和运营。

② 有利于推进卫星的设计标准化、技术通用化和产品现代化。

③ 有利于卫星快速生产、快速发射和快速运营，以满足军事应用的作战快速响应要求。

④ 有利于使用中、小型运载器发射模块，分散发射风险，降低发射成本。

⑤ 有利于提高卫星生存能力，当卫星受到人为攻击或自然因素破坏时，一般只有个别模块受损，不会导致"全军覆没"，整星可靠性高。

⑥ 有利于卫星受损或失效后快速重构，只需要发射失效模块的替代模块，不涉及其他功能模块。

⑦ 有利于卫星改变用途或功能升级，只需用不同的有效载荷模块或先进的功能模块取代原来的有效载荷模块或相应功能的模块即可。

（4）系统的方案

模块化分离卫星系统方案之一：系统中每个模块是一颗典型的卫星，带有包括热控、姿控、推进、电源、测控和数管等分系统，这个方案不强调卫星平台分系统的拆分，而仅仅对有效载荷及其相关功能和资源进行分解。

模块化分离卫星系统方案之二：将传统大卫星拆解成若干个不同功能的模块（如有效载荷模块、电源模块、控制模块、推进模块、测控模块和数管模块等），将诸功能模块送入各自的空间轨道，构成编队或星座，每个模块执行自己的功能，模块之间通过无线接口相互配合，共同完成整星的任务。

（5）模块化分离卫星与分布式卫星概念的区别

模块化分离卫星的概念与分布式卫星的概念有共同之处，也有本质上的差别。共同之处是，它们都以在轨"编队飞行"方式运行，它们都是星群组成的虚拟大卫星，如图7.2所示。

分离式卫星与分布式卫星的本质区别有两点：一是星群中的成员不是完整的卫星，而是卫星的一部分，也即"功能模块"，它们只有特定的单项功能（如供电、控制、推进、数管或测控等），卫星的任务由所有的功能模块联合完成；二是功能模块都是标准化、通用化的产品，且易于扩展或升级。

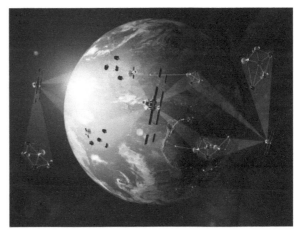

图7.2　模块化分离卫星系统的"编队飞行"方式

另外，分离式卫星系统的每个模块卫星是自由飞行，所以模块卫星的配置可以不同，模块卫星间不必保持严格的编队构型，模块卫星间的测量精度要求不必很高，只要满足无线信息和能量传输就可以，以便实现模块卫星的资源共享。

7.4　未来 NASA 的群卫星系统分析与展望

7.4.1　群智能技术

群智能是一种仿生自然界动物昆虫觅食筑巢行为的新兴演化计算技术，是通过模拟自然界生物群体行为来实现人工智能的一种方法，它与人工生命，特别是进化策略以及遗传算法有着极为特殊的联系，已成为越来越多应用领域的关注焦点。NASA（美国航空航天局）正利用群智能的最新成果，研制未来的自主纳型航天器系统。

群居性生物通过协作表现出的宏观智能行为特征被称为群智能，如蜜蜂筑巢和蚂蚁捕食等行为（图7.3）。一只蜜蜂或蚂蚁的行为能力非常有限，几乎很难独立存在于自然世界中；而多个蜜蜂或蚂蚁形成的群则具有非常强的生存能力，且这种能力不是多个个体之间的能力通过简单叠加所获得的。社会性动物群体所拥有的这种特性能帮助个体很好地适应环境，个体所能获得的信息远比通过它自身感觉器官所取得的多，其根本原因在于个体之间存在着信息交互能力。信息的交互过程不仅仅在群体内传播了信息，而且群内个体还能处理信息，并根据所获得的信息（包括环境信息和附近其他个体的信息）改变自身的一些行为模式和规范，这样就使得群体涌现出一些单个个体所不具备的能力和特性，尤其是对环境的适

图7.3　蜜蜂筑巢和蚂蚁捕食的群智能行为

应能力。这种对环境变化所具有的适应能力可以被认为是一种智能，也就是说，动物个体通过聚集成群而涌现出了智能。

7.4.2　群卫星系统

NASA受昆虫社会行为的启发，计划在2030年前启动群卫星系统探索小行星带，该计划暂命名为 Autonomous Nano Technology Satellite（ANTS）。实际上，群卫星系统比传统大卫星具有较强的适应性和较大的应用范围，但群卫星系统的任务规划却是一项非常困难的工作，而群智能技术将会给这项工作带来光明。

（1）ANTS系统的空间环境

ANTS系统由1000颗皮卫星组成，其任务是利用群智能技术，探索和勘测小行星带的小行星。ANTS系统运行在小行星带内，在小行星带里，空间环境十分恶劣，传统的大卫星是不能生存的。小行星带在太阳系内介于火星和木星轨道之间，在这里估计有50万颗小行星，具体位置如图7.4所示。

图7.4　小行星带的位置

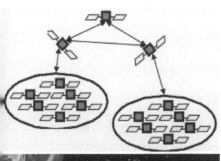

图7.5 群卫星系统的等级划分

（2）群卫星系统的组成

ANTS 系统的主要任务就是利用价格低廉的皮卫星群完成小行星带的勘探。为了克服任务规划工作带来的挑战，NASA 在系统设计时模仿昆虫的"无智能或简单智能的主体通过任何形式的聚集协作而表现出智能行为的特性"，ANTS 系统按照不同等级进行管理，群卫星体系结构的等级划分包括"队"和"群"，"群"还包括"子群"等（图7.5），不同卫星装载的仪器是不同的，所以需要协同工作和共享信息才能很好地完成任务。

在这个群卫星系统里，有几种不同类型的卫星，一类称为"Worker"，它们载有不同的载荷和仪器，如磁强计、X射线仪、质谱仪、可见光和红外相机等，每个"Worker"只能获取一种特定的数据；另一类称为"Ruler"，它们起统治作用，协调各个"Worker"工作，并确定勘测目标；还有一类称为"Messenger"，仅仅起通信作用，它们是地球、"Worker"和"Ruler"之间的信使，如图7.6所示。每个"Worker"都会主动勘测所遇到的小行星，然后把信息发送给"Ruler"，"Ruler"评估这些数据，形成一个总勘测报告。

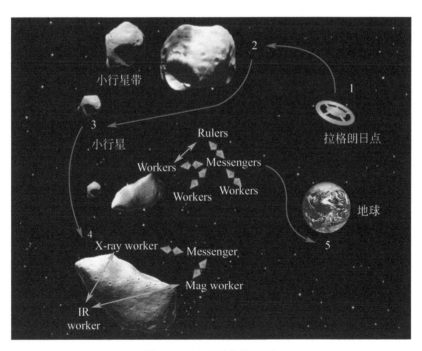

图7.6 ANTS 任务的总体概念

（3）群卫星系统的工作过程

首先，"Ruler"制定一个任务模型，然后把这个任务模型通过"Messenger"发送给"Worker"，"Worker"用它们的仪器探测目标，直到探测到与"Ruler"发送的目标匹配。

然后，"Worker"把探测到的目标数据通过"Messenger"发送给"Ruler"。如果这些数据能够匹配目标小行星的轮廓，"成像卫星群"将被派出，确定小行星的准确位置，同时形成一个小行星的基本模型，以便其他的群围绕这个小行星机动旋转而勘测。

另外，ANTS系统的皮卫星是依靠一艘飞船运载到小行星带附近的拉格朗日点，然后释放。在ANTS系统中，80%的皮卫星是"Worker"，当"Worker"收集到数据时，它们首先把数据发送给"Messenger"，同时这些数据也可以判断"Worker"是否被毁坏，大约70%的"Worker"穿过小行星带时被毁坏。这就要求它们有足够的队伍重构能力，同时还要有很好的自恢复能力。

7.4.3 ANTS系统的载荷配置及体系结构

ANTS系统飞越小行星时，需要完成许多工作，如图7.7所示。它们首先要确定小行星的大小、旋转轴、小行星的卫星、轨道和盘旋点等。随着获取小行星数据量的增大，ANTS还会派更多的子群，参与协作搜集更详细的和更全面的小行星数据。

为了实现高度的自主性计划，基于社会结构的推理方法必须运用先进的人工智能技术，如神经网络、模糊逻辑和遗传算法等。为了辅助和维持高水平的自主性，更重要的任务还要考虑自主运行的修正能力，以便适应环境变化、远距离操控和低带宽通信等问题。

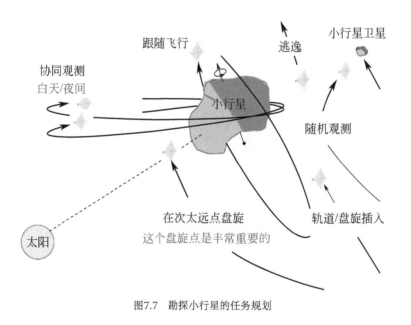

图7.7 勘探小行星的任务规划

为了协同勘测目标小行星，各个群的功能和配置如下：

①"立体测绘群"是由载有成像光谱仪和增强无线电仪器等的群卫星组成，主要任务是测量小行星的一些动态特性，如旋转、密度和质量分布等。

②"岩石群"是由载有X射线光谱仪、γ射线成像仪、红外成像仪和宽视场成像仪等的群卫星组成，主要任务是测量元素、矿物质和岩石。

③"摄影地质群"是由载有窄视场成像仪、宽视场成像仪和测高仪等的群卫星组成，主要任务是测量小行星自然和地质分布，基于纹理、反射率、颜色和底层中的岩石组分。

④"探勘群"是由载有高度计、磁强计、近红外仪和远红外仪、X射线光谱仪等的群卫星组成，主要任务是测量小行星的资源分布。

上面这些群卫星，协同工作，信息共享，最后形成一个目标小行星模型。

综上所述，群卫星系统展示了一种大量皮卫星之间协同工作的新概念，这种新概念主要来源于对社会昆虫的观察。据笔者所知，群的概念早已引起国内外航天器设计和导弹应用领域的高度重视，如多弹拦截、智能灰尘和小卫星编队等，最近美国的分布式模块化卫星系统（F6计划）也含有群智能技术的成分。迄今为止，在群智能理论探索方面，自组织聚集、自组织分散、连接运动、协同传输、模式构成和自组织建设仍然是热点问题。

7.5　天基镜群

随着科学技术与空间技术的结合，各种类型的新概念航天器不断出现，最近针对小天体的控制法，应用新概念航天器进行控制小天体轨道的方案又有了很大进展，如利用航天器群，在太空形成反射太阳光线的一面大镜子，调节小天体吸收太阳的热量，进而改变小行星运行轨道。

7.5.1　基于航天器群建立的"天基镜群"

航天器群的概念起源于对昆虫社会智能的研究，是目前比较流行的研究热点问题。采用航天器群的方式执行太空任务，是未来航天领域的一个重要发展趋势。

英国格拉斯哥大学 Massimiliano Vasile 教授在分析小天体变轨的几种流行技术方案的基础上，提出了一种基于航天器群建立"天基镜子"的方案。该方案的部署是通过火箭将航天器群从地球发射升空，进入预定轨道，之后航天器群再自主地逐渐徘徊于目标小天体

图7.8 利用航天器群聚集太阳光线使得小天体汽化变轨

附近，依靠协同控制技术，进行优化部署后，将太阳光能聚集到小行星表面的某一点上（图7.8）。

从图7.8可以看出，"天基镜群"的工作原理是发射一个航天器群，群中航天器都是纳型量级的，每颗纳型航天器携带一个小镜子，一颗纳型航天器就一个镜子模块，然后通过统一的星务系统进行管理，建立一个天基群镜系统，这样就可以把反射太阳光聚焦于小天体表面的某一指定点，将小天体的表面加热到至少2100℃，使小天体汽化。汽化后，小天体内部会喷射出气体，由牛顿定律可知，小天体将会产生一个与喷射方向相反的推力，进而改变小天体的轨道。

基于全球卫星定位系统对航天器群进行导航，结合目前的自主控制技术，采用数十颗小卫星组成群体，使直径为数百米的小天体变轨是完全可行的。若利用10颗纳型航天器族群，每颗航天器均承载一个20m宽的充气镜子，大约可以在6个月内使一个直径约为150m的小天体发生变轨；若增加到100颗纳型航天器，只需几天的时间就可以完成上述任务；假如要使直径为20km的小天体变轨，则需要集合5000颗纳型航天器，汇聚太阳光至该小行星表面长达3年的时间才可以使其发生变轨。尽管目前控制5000颗航天器的技术有很多困难，但随着群智能理论及其应用技术的深入发展，对于数千颗航天器的协调控制，未来将不再是问题，如图7.9所示。所以，航天器群的概念在未来一定具有巨大的应用前景。

首次提出这种方法的不是Massimiliano Vasile教授，早在1993年，美国亚利桑那州立大学的Jay Melosh曾建议将一个

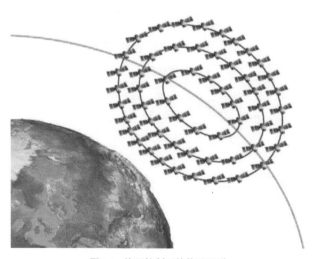

图7.9 协同控制下的航天器群

非常大的镜子安放在一颗大卫星上，以此来达到上述目的。

7.5.2 "天基镜群"的性能分析

对于控制小天体变轨技术方案的评价准则一般有三个方面：

① 这种方法给小天体轨道带来的变化量。

② 所需的预留时间。

③ 执行任务所需的航天器数量。

（1）"天基镜群"与"天基拖拉机"的比较

美国 NASA 曾提出在地球近地空间轨道部署一颗大型航天器，并利用其引力的作用，改变周围物体的运行轨道，如图7.10所示，就是所谓的"引力拖拉机"（也称为"天基拖拉机"）方案。类似于航天器的编队飞行，天基拖拉机就是建立一个与小天体并肩运行的航天器，利用它们之间的引力拖拽小天体，使其偏离原本的轨道。

图7.10　利用"天基拖拉机"拖拉小天体的概念

假如"天基镜群"与"引力拖拉机"在太空里控制相同质量的小天体变轨时，则"引力拖拉机"方案所需的时间较长。"天基镜群"方案所能达到的效果与核爆炸方案的效果基本一致，但是很多文献指出，单纯把消耗的时间作为评价标准并不科学，还应该考虑其他因素，如核爆炸方案会形成空间碎片，污染太空环境。

（2）"天基镜群"的可控性和安全性

目前，国际上已经总结出9个控制小天体变轨的方案，如何确认哪种方案是最佳的呢？这是近年来相关学者普遍关心和讨论的热点问题。一些学者的观点是，首先需要对小天体进行充分认识，然后在可操作性和安全性的基础上，再考虑采用哪一种合适的方案进行应对。国际上很多国家反对首先利用航天器撞击小天体的方案，因为这种方式所带来的影响比"天基镜群"难以预测。由于"天基镜群"方案具有较低的发射成本和较多的柔性结构等优点，并且可以根据需求随时调节，操作简便易于实现，因此撞击方案最好作为备选方案。

也有些学者认为最好的方式是先使用一个足够使小行星改变轨道的航天器进行撞击，但撞击不至于达到使小行星被击毁的程度，再用"引力拖拉机"对小天体的轨道进行微调节，这也是一种可控、安全和技术可行的手段。

7.5.3　应用价值分析

利用航天器群建立"天基镜群"驱动小天体变轨方案与其他控制小天体变轨方案效果相比，如"核爆炸"方法或"引力拖拉机"方法，"天基镜群"方法不仅可以避免利用"核爆炸"产生碎片，而且技术上比"引力拖拉机"方法更简单可行。撞击地球最多的是直径为50～100m的小天体，不需要很大的能源去控制它们变轨，而且近地空间物体的研究者可以在小天体撞击地球数年之前发现它们，所以，利用航天器群建立的"天基镜群"方案具有特别实用的价值。

7.6　微小航天器

7.6.1　未来航天器及其应用

当在纸上画一个航天器时，你可能画出不同样式，也许你画成常见的形式，也许你画得很大（图7.11），因为航天器要携带很多燃料、人和各种各样的仪器。

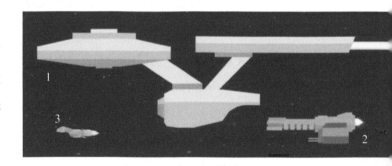

图7.11　画的航天器

但是，未来航天器将朝着越来越小的趋势发展，甚至可以放进上衣口袋里，其组装过程中需要借助显微镜（图7.12）。

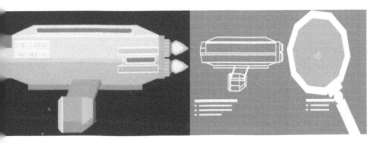

图7.12　小型航天器

想象部署微小航天器在太空，形成一个群体，派它们去探索遥远的系外星球。它们携带着不同的电子传感器，可以测量宇宙射线温度等信息（图7.13）。

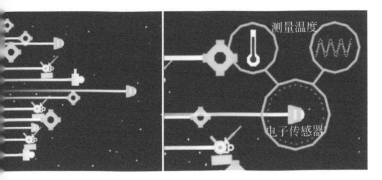

图7.13　航天器携带传感器

即使部署数千颗（图7.14），其成本也就等于一颗大型航天器的花费，由此可以降低太空探索的成本。

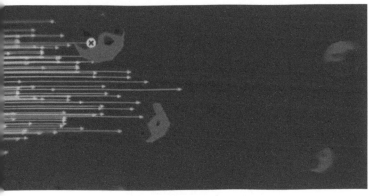

图7.14　很多颗微小航天器

数千颗微小航天器被部署在地球轨道上，就好像地球环境下的细菌一样，对外太空拍照，收集外太空的信息（图7.15）。例如，利用地球磁场信息，帮助人类预测地震。

图7.15　微小航天器收集外太空信息

如果将数千颗微小航天器部署在地球轨道之外，人类就可以获得一些肉眼看不见的天文知识（图7.16）。

NASA已经计划发射微小航天器去探测其他行星的宜居性，收集在地球上收集不到的天文信息。

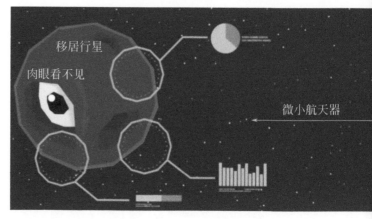

图7.16　微小航天器获取天文知识

7.6.2　未来深空探索任务的瓶颈之一

微小航天器不可能像大型航天器一样，携带着大发动机和数吨燃料（图7.17）。那么怎么办呢？这是目前航天器设计师面临的瓶颈问题。

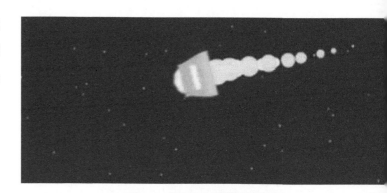

图7.17　微小航天器携带燃料较少

对于微小航天器，需要微小型推进器（图7.18）。

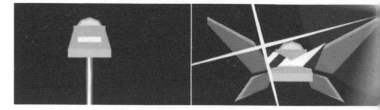

图7.18　微小型推进器

7.6.3　基于仿生的微型推进器

进入微观世界（图7.19），人类熟悉的物理定律也不适用了，如牛顿定律会出问题。通常的力会变得非常强大，这包括表面张力和毛细管作用。这种现象可以应用于微小航天器。

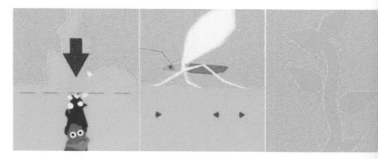

图7.19　微观世界

图7.20 微型推进器

为了产生强大的推力，需要一种微型推进器（图7.20）。

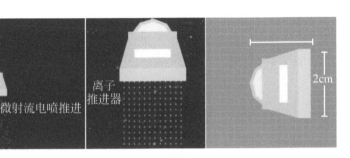

微射流电喷推进

离子推进器

2cm

图7.21 离子推进器

射流电喷推进器，也属于离子推进器，通过射出电荷而产生巨大的动量。其中一种类型的离子推进器已经被 NASA 的喷气实验室开发出来，其规模尺寸仅仅为2cm（图7.21）。

7.6.4 微射流电推进器的工作原理

一个像邮票大小的金属牌，镶嵌数百个细针头，涂上熔点较低的金属铟，可以在网格和金属板之间形成一种电场（图7.22）。

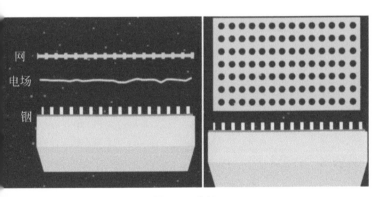

网

电场

铟

图7.22 电场

当金属板加热时，金属铟就会被熔化。毛细管就会拉金属液体爬到针的顶部，而表面张力往下拉，于是液体铟就会形成锥形（图7.23），这也是小半径针的制作技巧，这也会使得电场克服表面张力成为可能。

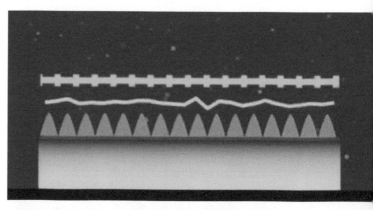

图7.23　液体铟形成锥形

按照牛顿第三定律，离子束将驱使航天器朝相反方向运行，尽管离子颗粒非常小，但它们组合起来就可以驱动航天器产生足够大的加速度（图7.24）。

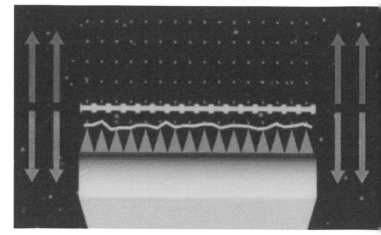

图7.24　离子束驱动航天器运动

7.6.5　微推进器的应用

不同于传统火箭发动机，这些离子流很小，但效率非常高（图7.25）。

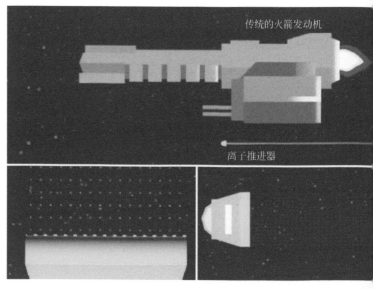

图7.25　离子流

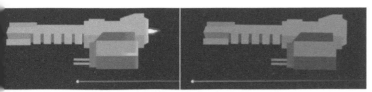

离子微推进器比传统发动机更省燃料，飞得更远（图7.26）。

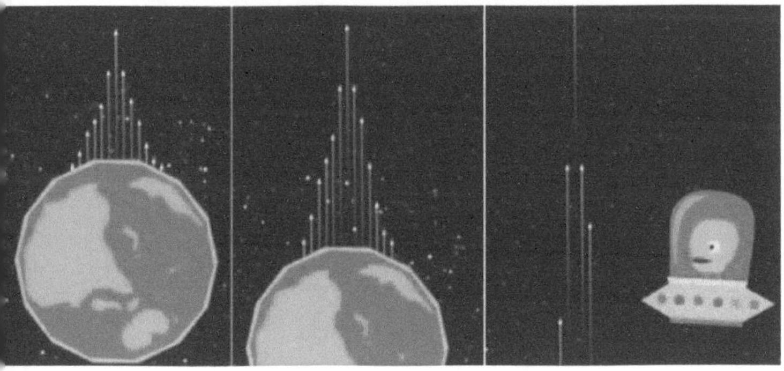

图7.26　离子微推进器与传统发动机效果对比

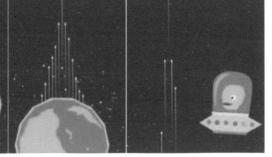

这使得它们更适合深空探测任务。但目前这种离子微推进器还没有通过试验验证，只是科学家认为它能产生足够大的推力（图7.27）。

图7.27　离子微推进器效果想象图

第8章
星际探索
新视野与新概念
航天器

SPACECRAFT DESIGN AND
NEW CONCEPT SPACECRAFT

8.1 用机器人为航天员减负

航天服是航天员在太空中执行任务时为维持生命和保障生命安全而穿戴的特殊服装。在航天服系统设计中，生命维持系统安置在航天员背部，"背部重量"占航天服重量的50%以上。在着陆月球和火星时，航天服系统在月球或火星的重力环境下产生的重量必须由航天员承担。因此，航天服的重量增加会影响航天员的移动水平，并且会限制航天员在舱外活动的时间、徒步行走的距离，以及探索任务取得的成果。因此，如果让机器人来承载航天服的生命维持分系统，航天员探索星球表面时的舒适性及灵活性将会被大大改善。

通过应用机器人来满足航天服的生命维持系统需求，以解决这两个看似矛盾的问题。现在，以月球探测为参考背景，航天员在月球表面停留数周或数月时间，而且还要参与常规的舱外活动操作，假设每星期都要花几天时间在舱外活动，这并非不可能，因为他们的目标远大于阿波罗登月任务。在这种情况下，每个航天员都将会有个生物机器人跟随，它携带他们的生命维持系统和消耗品，通过延伸的脐带与航天员相连。

航天员将通过脐带连接到机器人，只携带小型的紧急开环生命支持系统即可，类似于航天服背包所包含的东西。机器人的移动轮胎将被设计成适合在航天员行走的任何地方旅行，而且还可充当舱外活动工具、科学仪器和采集样本的运输工具，并有可能跟着航天员跳跃式行走。在未来的探索任务中，这种系统也将显著增强太空游客的参与感，因为机器人可以配置高分辨率的摄像头和高带宽的通信设备，为每个舱外活动的太空旅游者提供高清晰度的视频覆盖。

这种设计理念还有一个好处，即让机器人承载生命维持负荷（图8.1），会使航天服的重量减少到最小值，相关的设计重量参数也可以被忽略，进而制造出更轻、更灵活的航天服。把生命维持系统和消耗品交给生物机器人，减轻航天服重量还会增强航天员的机动性，使航天员更加灵活。由于没有生命维持系统重量的限制，整个舱外活动系统可以很容易地适应更加频繁的出行，更高容量的航天服冷却系统，或更高水平的冗余，进而

图8.1 帮助航天员减负的机器人

提高航天员的安全，降低危险事件发生的可能性。当不再局限于航天服的质量和体积时，便携式生命支持设计师可以考虑更适合于扩展探索的技术方案，如冷却散热器、扩展电力的太阳能电池板或可再生的二氧化碳洗涤系统。

8.2 火星熔岩洞穴的小型探索者

通过分析火星探测器传回的照片，科学家发现火星上存在着许多规模庞大的洞穴，目前已经发现2200多个火星洞穴。他们对这些洞穴产生了浓厚的兴趣，主要有两个方面的原因。

首先，在地球上有各种各样的洞穴系统，它们的内部支持着不同的微生物群，由此也可以推断，在火星洞穴里面可能隐藏着火星曾经存在生命的线索。此外，假如火星上真的存在着过去的生命，那么随着火星大气层逐渐变得稀薄，火星的表面受到来自太空的高能辐射，会迅速杀死生命组织和细胞等物质，所以火星洞穴很可能是各种微生物的"避风港"。洞穴内部很可能还包含着水资源等。

其次，火星洞穴或许含有一些潜在不可预知的秘密，因为人类从未窥视过火星洞穴的内部，很难预料探索洞穴内部会发生什么，科学家也期望那里将来会成为人类在火星上的庇护所。

图8.2 火星熔岩洞穴的小型探索者（ReachBot）

由于火星洞穴的神秘性，在人类固有的好奇心驱使下，2018年，美国斯坦福大学的自主系统实验室为了挖掘火星洞穴的秘密，提出了一种可爬行机器人的概念，尤其适合火星洞穴的探索。

这种机器人也称ReachBot（图8.2），其尺寸介于篮球和面包烤箱之间，具有可伸展的机械臂，类似于可伸缩的吊杆，不需要机器人的吊杆时，它们会卷起以不碍事，配备有刺的抓钩。这种机器人利用带刺的抓钩，可以稳稳地抓住火星洞穴岩石的表面，或推开火星洞穴中拦路的岩石，能够在自己所锚定的覆盖距离内快速爬行。但是，当它找不到锚定点时，就不会走得很远。由于火星洞穴内不平整的地面环境，这种机器人会自主地选择一种合适的方法，防止整机身体摔倒。

目前，ReachBot 已经完成可行性论证，计划两年内完成原理样机、3D模拟、规避风险算法，并在真实环境中，如在墨西哥州或加利福尼亚州的洞穴中进行测试，通过测试突破几项关键技术。在真实环境中测试机器人的性能，证明这种概念的可行性；利用无线电手段，获取机器人洞穴环境移动的导航能力；通过比较与评估，寻找有效的攀岩方法，评估机器人的攀岩能力；研究控制策略，如开发吊杆振动的主阻尼控制器，分析不可预测风险，把应急情况下的风险降到最低，如怎样降低突然抓取失败造成的损伤。

NASA 计划在送第一个人登陆火星之前，也即在2030之前，将这种机器人送到火星去探索。

8.3　操控火星飞机有多难

在地球上，人类在飞行技术上已经付出一个多世纪的心血。在火星上，我们才刚刚开始。

"机智"号火星直升机（图8.3）从可行性研究到工程概念的实施，再到着陆，总共耗时6年多。尽管"机智"号看上去只有玩具般大小，但却验证和演示了利用飞机探测火星的可能性。2022年4月3日，"机智"号已经完成第24次飞行，接受了一些极限测试任务。但是你知道"机智"号在火星上会面临多少难题吗？

第一个面临的挑战是火星上恶劣的自然环境问题。火星大气可

图8.3　"机智"号火星直升机准备起飞

比地球稀薄得多，密度不到地球的1%，这意味着航天器在火星上空飞行，相当于在地球上空30公里高空飞行（图8.4）。通常，一般民用直升机飞行高度为2～4公里，军用直升机飞行高度可达到6公里多。例如，我国的直9军用直升机最大升限为6公里，美国的"阿帕奇"武装直升机的最大升限为6.25公里。所以，火星直升机机身必须设计得非常轻薄，而且旋翼转速非常高，才能获得飞行升力和动力。

图8.4 地球大气层

第二个面临的挑战是飞行续航时间问题。"机智"号在火星大气层中飞行时，其旋翼需要以比地球飞行高得多的速度旋转。旋翼旋转速度越高，机翼组件所受到的强度就越大，而且更严重的是高速旋转意味着旋翼组件升温更快。为了避免旋翼组件过热，从结构设计理论方面看，飞行时间应该控制在130秒以内。

第三个面临的挑战是能源、重量与稳定性的综合设计问题。为了确保"机智"号在火星稀薄的大气中飞起来，电池功率要达到350W，这远远大于地球，在火星上没有充足的能源，只能依靠太阳能转化的电能。要想能源充足，电池输出的能量就得多，而"机智"号电池能量与重量成正比；相应地，重量越重，则需要的升力就大，进而要求旋翼转速越高。但采用共轴双旋翼设计，最高转速约2400转/分钟，如果机翼转速超过声速，则会造成旋翼的振动，稳定性就会下降。这可给"机智"号的设计团队在三者之间的优化设计方面带来了不小的难题。

第四个面临的挑战是自主飞行问题。火星与地球相距遥远，一帧信息传输到达地球需要8～20分钟，所以"机智"号必须具备自主导航和自主控制能力。在研发过程中，科学家模拟火星环境建造了一个密封的圆筒状风洞，它高26米，直径为7.62米，里面充满了二氧化碳来模拟火星大气。为了模拟火星引力，实验室的顶端装有吊挂，把"机智"号三分之二的重力消解掉。"机智"号在这个实验室里自主飞行了75分钟，才能搭上前往火星的火箭。这就意味着，"机智"号能自主起飞、自主判断着陆点、自行完成着陆，虽然"机智"号的着陆难度远远低于探测器高速着陆，但是依旧充满危险和挑战。

除了上述问题外，让"机智"号在火星执行任务还面临一系列挑战。例如，火星夜间温度低至零下90摄氏度，保持电子元器件的温度需要一些技术，这对于电池来说堪称灾难。另外，白天和夜间的巨大温差也会给"机智"号旋翼带来形变的风险。

未来火星飞机的应用还面临巨大的挑战。目前，"机智"号是不带任何载荷（如高清晰度相机或其他探测器等），未来如果让火星飞机带上载荷，就会增加它的重量，这又会是一个巨大的挑战。

8.4 太阳帆的轻量化原子平面电源

近年来，随着科学技术的不断发展，特别是航天技术的进步，人类活动范围不断向星际空间延伸，导致多学科交叉融合的新概念航天器不断涌现。

对于地球人来说，风帆并不陌生，人类的航海史有3000多年是风帆史，风帆航海是人类文明发展的主要标志。风帆是利用风力使船前进的布篷，而太阳帆却截然不同，它利用太阳辐射出来的光子作用到太阳帆的表面而产生的反作用力作为动力。在地球表面，太阳帆获得的推力非常微小，一平方米的太阳帆上只能获得9×10^{-6}N推力，但在高于地面800公里的太空里，安装太阳帆的航天器经过数月飞行就足以进入星际空间。通常，传统航天器抵达太阳系外层空间耗时较长，如"朱诺"号抵达木星需要5年，"旅行者"2号抵达土星需要3～4年，"新视野"号抵达冥王星需要9年半；而以太阳帆为动力的航天器飞行速度快、时间短，如抵达木星需要6个月，抵达土星需要不到1年，抵达冥王星需要4年。

以太阳帆作为动力的航天器，电源分系统也是不可缺少的。美国学者大开脑洞，将"轻量化原子平面电源"与太阳帆航天器相结合，提出了一种新概念探测器项目，获得了

2022年度 NASA 先进创新概念计划的第二阶段 500000 美元资金的支持，在为期两年时间里，通过地面仿真试验来验证项目的工程可行性。

这个轻量化原子平面电源是布局在矩形太阳帆对角线上的4个对称动力架构，如图8.5所示。

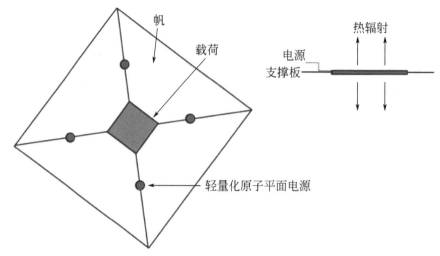

图8.5 轻量化原子平面电源在太阳帆上的布局

轻量化原子平面是一种轻型的、高可靠性的、模块化的薄片，它是放射性同位素电池组。它可以给载荷供电，也可以给平台供电，如给热控系统加热供电、给姿态控制系统供电、给通信系统供电。

轻量化原子平面电源的能量来自数十个小型二氧化钚-238（钚的同位素）瓷砖，它与散热器耦合在一起，散热器也是瓷砖中的固态抗辐射硬电池，因为二氧化钚-238的放射衰变过程不可控，所以在散热器将放射过程产生的热能转化为电能后，再由抗辐射硬电池将电能进行储存。它之所以叫作平面电池，就是因为它采用平面环型分布（图8.6），每24片二氧化钚-238瓷砖为一环，每个环自身就是一个独立结构，环的个数可以根据任务需求进行配置，它可提供十瓦到千瓦不等功率。

每环上还嵌有6个推进器喷嘴，可利用电能进行机动。另外，还加装一个太阳引力透镜望远镜在环上。太阳引力透镜是根据爱因斯坦的广义相对论预言的那样，引力会改变时空曲率，天文学家利用它产生的引力透镜效应，使远处的光源被前景质量巨大的物体所聚焦并放大。在太阳系里，最强引力效应的天体是太阳。虽然这个透镜的焦点区距离太阳550个天文单位，但搭载轻量化原子平面电源的太阳帆探测器是可以到达这个距离的。

轻量化原子平面电源有什么优势呢？相较于"朱诺"号推进系统，其飞行时间减少了90%，事实上，飞行速度的提升也得益于质量轻，相较于传统航天器电源系统，轻量化原

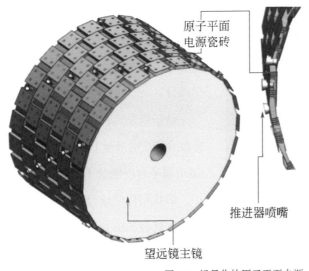

原子平面
电源瓷砖

推进器喷嘴

望远镜主镜

图8.6　轻量化的原子平面电源

子平面电源的质量减少80%。

　　随着技术进步，人类星际探索的愿望越来越迫切，这种新型太阳帆动力系统的研制成果将在一定程度上解决困扰人们多年的太阳帆实际运用问题，其快速可靠的运输优势将支持许多重要的星际探索项目，为人类迈向更远的深空做出铺垫。

8.5　卫星"皮肤"——量子点

　　近年来，随着航天技术的进步，人类的太空探索活动逐渐向星际空间延伸。然而实现星际飞行，人类不得不面临亟待解决的三大障碍：成本高、旅行时间长和发射探测遥远行星任务的狭窄窗口。

　　人类隔着大气远距离观测宇宙，很难对其他天体进行深入研究，星际探测器为对其他天体研究打开了新的局面。目前，人类探测其他星体的方式包括四种：第一种是通过飞越方式，拍摄其照片、测量磁场等，如"水手"4号拍摄了火星第一批照片；第二种是发射机器人软着陆于其他天体的方式，直接探测其环境温度、土壤成分等，如"金星"4号探测器；第三种是利用绕飞方式，成为其他行星的卫星，进行较长时间的探测；第四种是通过硬着陆于其他天体，对其内部充分进行探测，如NASA 2021年发射的DART探测器和2005年发射的"深度撞击"号。

　　NASA在寻找地球以外的水和资源的过程中，发明一种被称为"量子点"的测量新

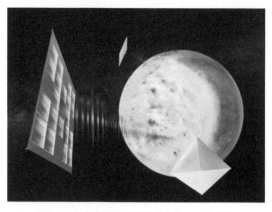

图8.7　多个太阳帆探测器收集海卫一的光谱

技术，它可以作为覆盖卫星的"皮肤"（图8.7），使其卫星整个表面变成一个传感器，进而应用于探测遥远行星的化学成分。

量子点是一种半导体纳米晶体，其厚度介于2纳米至10纳米之间，即小于50个原子厚度的量子点。根据它们的大小、形状和化学成分，可以吸收或重新发射不同波长的光。它们将来自行星或其他目标的光分解成光谱数据进行分析，将光学问题转化为一个数学问题，识别这些点以记录特定波长的光（化学指纹部分），然后再将量子点的另一部分数据传输到计算机，利用机器学习等人工智能理论，创建出一种完整"指纹"，能够获得惊人的准确性，进而可以揭示光所触及的元素或化合物。

量子点测量技术的功能等同于光谱仪，它可望解决取代传统光谱仪。目前，光谱仪几乎成为所有航天探测器的载荷，但传统的光谱仪相对笨重，而且占用空间大，量子点光谱仪则解决了这一难题。

此外，量子点测量技术的多传感器功能可以降低测量成本。利用量子点多传感器的功能性和轻巧性，即用探测器阵列技术，将量子点光谱仪阵列直接打印在太阳帆上，使其整个表面变成一个传感器。

8.6　"刺猬"漫游者

由 NASA 的喷气推进实验室、斯坦福大学和麻省理工学院的研究人员合作开发，提出了"刺猬"漫游者的概念。它能克服各种复杂、崎岖的环境，特别适合在行星和小行星上进行探测任务。例如，传统的火星漫游者探测车是以轮子的旋转作为移动方式，它们无法进行翻转。在一个小型天体，如小行星或彗星上，低重力的环境条件和崎岖不平的表面使传统的漫游方式变得很危险。

"刺猬"漫游者是一个完全不同的机器人，能在星球表面上跳跃、翻滚，因为它不是依靠轮子转动，所以无论哪个面着陆都没有问题。实验证明，在低重力小型天体上，传统的移动方法是无效的——轮子只会打滑，而"刺猬"探测十分有利。"刺猬"原型机可以在类似彗星的环境中表现出可控的跳跃和翻滚能力。通常在设置了正确的方向后，"刺猬"能通过跳跃进行长距离移动，然后再通过翻滚靠近目标。那么，到底什么才能使漫游者跳跃和翻滚呢？

这就不得不提到它的结构和原理了。"刺猬"漫游者的基础结构是一个外部具有凸起结构的立方体（图8.8），可以利用内部调速轮的旋转和制动系统进行运动。混合动力系统的驱动依赖于旋转的三个内部飞轮，通过对内部飞轮施加扭矩，外部底盘向相反方向旋转，漫游者开始翻转或跳跃。如果进行远距离跳跃，飞轮需要缓慢旋转起来，并通过机械制动器快速停止以达到更高扭矩。凸起部分能起到保护作用，并在跳跃和翻滚时充当"脚"的角色。此外，凸起的内部还可以安装热探测器等设备，进而在"刺猬"翻滚时测量星球表面的温度。

图8.8　"刺猬"漫游者能通过跳跃方式移动和几乎在任何地形中翻滚

在抛物线飞行测试试验中，"刺猬"漫游者展现了多种运动方式，例如，测试不同表面上的运动效果，包括砂质、岩石、冰面等，这些表面有的粗糙，有的光滑，还有的柔软或易碎。在其中一次抛物线飞行试验中，"刺猬"漫游者还能做出一种类似"龙卷风"的运动，即可以通过猛烈旋转脱离物体表面。这在逃离沙地陷坑或其他恶劣环境时十分有用。

"刺猬"漫游者原型机具有8个凸起和3个调速轮（图8.9），质量为5千克，在安装上摄像机和光谱仪等设备后，它的质量会超过9千克。但斯坦福大学研制的原型机稍微小一点，质量也轻一点，具有的凸起结构也较短。利用内部的调速轮和制动系统，这两种原型机都可以进行旋转和急停等动作。

图8.9　"刺猬"漫游者的外形和内部调速轮

如何控制"刺猬"漫游者移动？通过研究它的动力学特性，采样高度迭代的仿真算法，研究人员已经掌握精确的控制技术，可以实现有目的的机动性。拥有三个正交的飞轮可以让"刺猬"漫游者在任何方向上产生扭矩和角动量，使得各种操作成为可能。跳跃是覆盖较大距离的主要移动模式，利用组合飞轮可以在任何方向实现。另一方面，翻滚和定向机动为局部调整提供了更精确的控制。更值得一提的是，这种高性能的机动可以让火星车免于"卡"在天体表面上。尽管这样，由于不平坦地形上的残留弹跳，它们的最终着陆位置仍然存在一定程度的随机性和不确定性。但可通过混合控制策略进行一系列校正机动来补偿随机误差。

当在深空操作"刺猬"漫游者时，长时间的通信延迟和停电是不可避免的，执行时间紧迫的任务就需要自主性。对于这些混合探测车，需要机载运动规划算法，用于规划一系列朝向目的地的轨迹，同时避开障碍物，并考虑到动态和环境模型中的不确定性。

一颗母航天器将部署一个或多个"刺猬"漫游者到小天体表面。一旦部署完毕，它们将跳跃并翻滚到特定位置，完成一些科学测量。母航天器将充当"刺猬"漫游者与地球的通信中继，而且还能帮助它们完成定位和导航等任务。

如果"刺猬"漫游者探测小行星真正应用并实现了，那它将成为人类了解太阳系的起源和进化，探测丰富的资源，载人前往火星或更远地方的一个垫脚石。

8.7　探索土星卫星的变形机器人

变形机器人由较小的机器人制成（图8.10），可以变形为旋转的球体、飞行的无人机、游泳潜水器等。变形机器人是一种变革性概念，它可以探索遥远的世界。这种飞行的两栖机器人可以将听起来像科幻小说的想法变成科学事实。"变身者"是对土星卫星"土卫六"的一项任务。

图8.10　在NASA喷气推进实验室的机器人工厂中进行了测试的变形机器人样机

变形机器人（图8.11）也称为"协作机器人"。这些协作机器人每个都装有一个小型螺旋桨，将能够彼此独立地移动，沿着具有科学意义的悬崖边飞行。它们还可以进行挖洞，形成菊花链以保持与表面的接触。或者，它们可以转变为一个球体以在平坦的表面上滚动并节省能量。

目前，变形机器人还是半自治的，但未来的设计将实现能够自动组装、无需来自地球命令协作的机器人（图8.12）。

图8.11　变形金刚机器人

"母舰"类似于欧洲航天局的"惠更斯"号探测器的着陆器，通过降落伞部署后降落在土卫六上。"母舰"就是机器人的能源，并携带科学仪器进行深入的样品分析。土卫六上空飞行比较容易，因为那里大气密布，重力很小。10个合作机器人可以轻松举起像"惠更斯"号一样大的着陆器，并将其轻轻地抬到不同的位置。

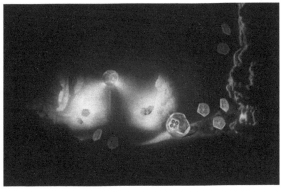

图8.12　变形机器人分解成较小的碎片，可以从空中观察甲烷的瀑布

变形机器人出色的多功能性，使其可以进入所有这些具有科学吸引力的地方。变形机器人拜访土卫六这样的卫星还需要很长时间，下一个前往土卫六执行探测任务的是

图8.13 "蜻蜓"号机器人

"蜻蜓"号（图8.13）。"蜻蜓"号是一个旋翼可移动着陆器，将于2030年抵达土卫六的表面。

8.8 BREEZE 太空飞船

BREEZE（Bioinspired Ray for Extreme Environments and Zonal Exploration）太空飞船（图8.14）是由纽约州立大学水牛城分校提出的，是一种结合充气结构与仿生科技的高效飞行器，目标是探索金星大气，它可以在离地约60公里处漂浮飞行。这款太空飞船采用太阳能电池供电，携带的仪器包括质谱仪、云量计、可见光与近红外光高分辨率相机、磁强计、风速计，以及测量大气压力、温度、密度的传感器。

图8.14 在金星大气中遨游的 BREEZE 太空飞船（艺术图）

除了金星，BREEZE 太空飞船也能应用在其他大气密度足够高的天体上，如土卫六；研究人员受到鱼鳍的启发设计出这架飞船，翘曲的机翼可提供推力、控制力、稳定力和额外升力。

BREEZE 太空飞船在金星大气中是怎样运动呢？可以通过鱼在水中运动获得答案。

BREEZE 太空飞船在金星大气运动，类似鱼类在水中通过尾部和躯干的摆动以及鳍的协调作用游泳，大多数鱼类在水中游泳都离不开胸鳍、腹鳍、背鳍、臀鳍和尾鳍的相互配合运动（图8.15）。其实，船也是根据鱼

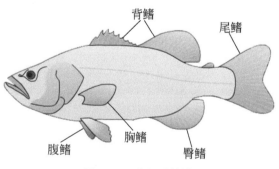

图8.15 几种主要的鳍鱼

类在水中运动的基本原理建造的，人们通过对鱼鳍功能的观察和研究，设计制造出了船桨和船舵。

鱼的胸鳍可以维持鱼在水中的身体平衡，当胸鳍摆动时，鱼就会向前运动，就像人在游泳时用手划水一样。鱼的胸鳍生长不是垂直的，而是水平方向的，在鱼类运动时，胸鳍不仅能前后摆动，还能上下摆动，它可以控制自身上浮和下沉。船只的船桨就是模仿了鱼的胸鳍，让船在保持平衡的同时产生前进的动力。

鱼的尾鳍可以帮助鱼类保持身体平衡，又可以转换游动方向，同时还可以产生鱼类在水中前进的推动力。尾鳍的生长是垂直方向，当尾鳍向左摆时，鱼体就会向右前进；当尾鳍向右摆时，鱼体就会向左前进。船舵就是模仿了鱼类的尾鳍，可以帮助船只掌控在水中前行的方向。

除此之外，鱼类身上其他的鳍也有各自的用途。例如，背鳍和臀鳍参与调节鱼体在水中垂直平衡及游泳，而腹鳍具有协助背鳍和臀鳍维持鱼的平衡和辅助鱼体升降拐弯的作用。

8.9　长寿命金星表面任务的能量传送

长寿命金星表面任务的能量传送的新概念如图8.16所示，是由 NASA 喷气推进实验室提出的，目标是解决金星极端地表环境的地面发电问题。

能量传输还有另一个手段，也即无线供电，或无线能量传输。利用辐射技术，把能量用定向能波束，通过空气或水等介质传送给接收器，接收器接收后，再转换回电能。

在长寿命的金星表面能量传输系统中，发射器就像上下沉浮的高空气球，飘在金星大气中，以微波和射频形式传输能量给地面上的接收器（机器人探测器），能量经由整流天线转换

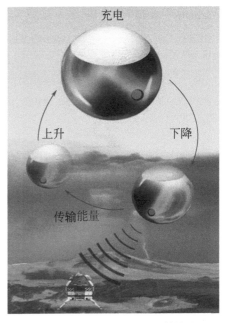

图8.16　长寿命金星表面能量的传输过程

为直流电后进入储能装置，储能装置可以选择高温熔盐电池、固体电解质电池、固体氧化物燃料电池等。

这个高空气球除了有发射器外，还有太阳能电池板，如果没电了，就会上升到大气上方照射太阳充电，待电池充满后再次降到金星大气下层，将能量传输到机器人探测器，如此不断重复。

8.10 智能宇航服

得克萨斯农工大学（TAMU）的工程师们为一种新型宇航服开发了一种模型，称之为智能宇航服（Smart Suit），如图8.17所示。这种新型宇航服设计将提高航天员在火星和其他行星环境中进行舱外活动的灵活性。智能宇航服将采用气体增压技术，具有收集数据的功能。

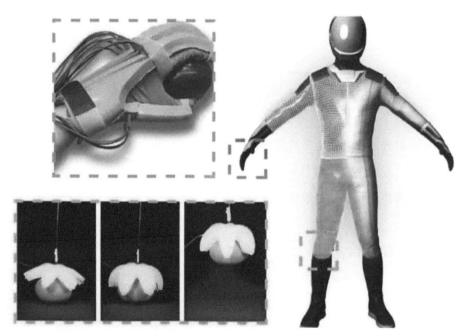

图8.17　未来智能宇航服保护宇航员

此外，智能宇航还融入软体机器人技术，以提高宇航员自由移动的程度，使他们更容易与周围环境互动。能让航天员在极端环境中进行舱外活动，穿起来也会比目前的宇航服更舒适。此外，智能宇航服还将配备传感器、可伸缩的自愈皮肤，这种表皮还可同时作为屏幕，向穿戴者提供周围环境的视觉反馈。

8.11　全像天文望远镜系统

我国的台湾阳明交通大学光电工程学系与美国壬色列理工学院跨国合作，开发新型全像天文望远镜系统（Dual Use Exoplanet Telescope，DUET），如图8.18所示，将近红外星光转换成聚焦图像或超分辨率光谱分布，可用于制造轻型软性透镜，发射到太空中后展开进行系外行星观测。

图8.18　DUET系统架构示意图（右下角为太阳光经过全像透镜的光谱分布照片）

全像透镜是菲涅耳透镜[①]的改进版本。这种方法允许光学系统设计师将光聚焦到一个点上或将其分散成其组成颜色，从而产生极单纯色的光谱分布。两个同轴的点光源会产生同心的光波，当两个光波向胶片传播时会相互叠加或相互抵消，产生干涉条纹图像被记录在胶片上，根据此全像干涉图像的结构，穿过全像镜头的光则可被聚焦，或其光谱被延伸，在真实空间上分布。

研究人员是受到大型太空望远镜发现系外行星的研究启发，使用两个球面光波来制作全像透镜，能够精确控制记录在胶片上的绕射光栅，以及其对光的影响，达到超高分辨率分离光谱，以高分辨率聚焦光。

简单地说，全像天文望远镜系统可以同时以"间接方法"（如径向速度法、天体测量法）和"直接方法"探测系外行星，后者是采用著名的牛顿棱镜实验中的色散技术，让DUET 能分离来自太阳系外行星或母恒星的不同光波长，直接判定是否发现一颗系外行

---

① 菲涅耳透镜使用排列在平面上的同心环状棱镜来模拟曲面透镜的聚焦能力。

星。此外，DUET 的成像收集面积是地面望远镜的 4 倍之大，但整体质量轻到可以在一次火箭有效载荷中运送完成。

8.12 微型探针

蜘蛛到底是怎么飞的？在我们的认知里，飞行是昆虫与鸟类的专利，人类和其他没有翅膀的生物不能飞行。但是事实真的是如此吗？自然界中有某些生物，即使没有翅膀也能够飞上天或是做到某种程度的飞行。

事实上，蜘蛛能够飞行在科学界并不是新闻。达尔文在 1839 年发表的著作《小猎犬号航海记》，这个记载他在航行世界期间所见所闻的书，其中就提到他看见数百只小蜘蛛飞行并降落在船上，当时船在海上，距陆地数百公里。

蜘蛛的飞行方式跟鸟类或是其他昆虫有很大不同，它们只需要等待时机并放出蛛丝就能够进行空飘移动。蜘蛛飞行的原理一直是学术界争论不休的一个话题。目前主要分成两派理论：

一派认为蜘蛛飞行的主要动力是风，这种派别的人认为蜘蛛吐出的丝柔软且具有弹性，这种丝碰上强风时就能高度弯曲。乘着风就像是一个张开的降落伞将蜘蛛带入高空。这个理论也一直是获得绝大多数人支持的理论。

图8.19　空飘的蜘蛛沿着地球电场飞行

另一派则认为静电力才是协助蜘蛛飞行的主要动力，如图 8.19 所示。因为他们观察到蜘蛛即使是在某些没有风的情况下也能够进行飞行。然而这个理论只有少部分的人认同。

后来，英国发布了一个决定性的实验。研究人员将蜘蛛放置到一个完全没有空气流通的封闭橡胶盒内，并将人工电场的开关开启之后，蜘蛛脚上的细毛就会像人类头发碰到静电一样竖立起来，表示蜘蛛感受到周围静电的变化。不久后，蜘蛛竟然就在完全没风的状态下吐丝并起飞了。当他们将人工电场关闭后，蜘蛛就不会有任何飞行行为。事实上，研究人员还可以通过电场控制蜘蛛的飞行高度，这个决定性的实验一举推翻风力飞行派的理论，证明蜘蛛飞行的主要动力是静电力，风力只是辅助。

针对太空探索领域，受到蜘蛛空飘能力的启发，美国西维吉尼亚大学提出了一种微型探针（图8.20），设想出可以部署数千个依赖大气电学飞行的微型探针，来研究系外行星大气层。每个微型探针的总质量约50毫克，上面携带小型有效载荷，包括能量存储与转换装置、致动器、微处理器、传感器等，探针两侧各伸出长约2.5米的手臂感应大气电位梯度，整体由一个200米长的线环串着，看起来就像一条项链。线环的主要作用是提供大气阻力和静电升力，微型探针的水平运动方向虽然不受控制，但垂直运动方向可以受到调节。

图8.20　依赖于行星大气电场推动和供电的微型探针

8.13　SPEAR 探测器

SPEAR（Swarm-Probe Enabled ATEG Reactor）探测器是一种用于深空任务的超轻型核电推进探测器（图8.21），它也是一款具有低成本和高效益的轻型核电推进探测器。SPEAR利用一种反应堆慢化剂和先进的热电发电机提供动力，以大幅降低堆芯质量。借

图8.21　SPEAR探测器一个重要的应用目标是木卫二

助这种探测器，天文学家可以执行深空探索任务。虽然SPEAR无法一次提供太多电能，但它能以减少成本、增加任务次数取胜。

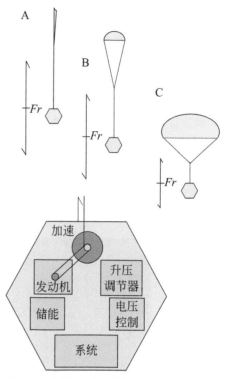

图8.22 在稠密大气层中的探测器利用阻力或浮力产生电量

8.14 开伞索解缆动力系统

让探测器登陆行星是一项令人敬畏的挑战。太阳能并非始终可以获取，其他能源的成本高、风险大或者过于复杂。开伞索解缆动力系统（RIPS）能够让探测器降落到拥有致密大气层的行星表面（图8.22）。RIPS利用了致密大气层这个有利条件，借助阻力或者浮力产生电量。在执行某些任务时，这种动力系统在质量、成本、发电量和复杂性等方面具有优势。

8.15 采用激光推进系统的微型探测器

"突破摄星"是霍金于2016年4月宣布联合互联网投资人尤里·米尔纳启动的一项计划，以更好地了解宇宙，给科学和太空探索带来革命性的变化。

在这项计划中，发射超微型探测器，使用激光推动的帆飞过系外行星附近的恒星，如图8.23所示。星际探测器在到达目标系外行星系

图8.23 星际探测器从系外行星系统周围环境中获取能量

统时将需要电源进行观测和通信，但这种新型探测器的质量只有几毫克，远远小于任何现实世界电力系统的质量，故提出一种名为星际飞掠的动力概念，利用激光推进帆作为推进器，当探测器每次飞过一颗新的恒星系统时，就会获得一次能量补给。

8.16　探测太阳附近微中子的小型探测器

太阳附近的微中子强度比在地球上探测到的还高许多，因此探测器不需要很大，也能获得在地球上无法知晓的独特科学。在第一阶段论证中，威奇托州立大学实验室的太阳微中子太空飞船分析出小型微中子探测器质量仅250公斤（图8.24），但能力等同于地球上3000吨的大型探测器。在第二阶段论证中，该团队将建造探测太阳附近微中子的小型探测器原型样机。

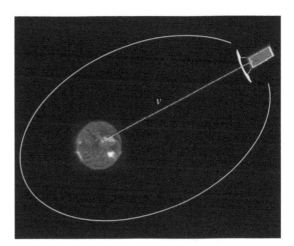

图8.24　小型微中子探测器

8.17　超材料新型太阳帆

太阳帆也称光帆，是使用巨大的薄膜镜片反射太阳辐射压，以产生宇宙飞船推进力，传统的薄膜材质为聚酰亚胺，但稳定性能比较差，可能降低飞行速度。目前，罗切斯特理工学院的一个团队以"超材料"原理设计新的光学薄膜，与背对太阳（或其他光源）的传统薄膜不同，新薄膜面向光源，由光绕射方法作为推进力。而利用光绕射的角度偏差，可以改用电子组件取代机械组件来导向，例如电光学波束控制转向，使宇宙飞船获得更高的加速度。

"超材料"太阳帆是采用高反射率涂层（图8.25），比2018年美国发射升空的"帕克"号太阳探测器还要靠近太阳。"帕克"号与太阳最接近的距离为8.5倍太阳半径，而"超材料"太阳帆将靠近达到1倍太阳半径的地方（与太阳表面距离约为695000公里）。

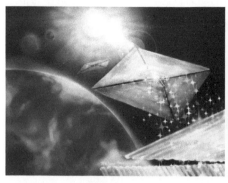

图8.25　"超材料"太阳帆

8.18　小型三角形游泳机器

地外生命最有可能在哪里？太阳系外的类地行星在银河系的一个角落？或者是在银河系外？这些地方即使有地外生命，人类也根本达不到。其实，探索地外生命，最现实的还是要在太阳系内探索。

地球在45亿年前诞生了生命，那么与地球一起诞生的七大行星以及它们的卫星，都存在与地球一样的物质成分。所以，在地球之外寻找地外生命最有希望的地方就是隐藏在其他行星的卫星星球上，如土卫二厚厚冰层下的海洋。NASA正在资助研发小型三角形机器人，这种机器人可以在黑暗的海洋深处搜索地外生命。

当NASA"卡西尼"号航天器穿过那层宇宙雾时，发现通过土卫二冻结表面的裂缝喷发到太空的液态水柱，同时也探测到了一些有趣的分子，这些分子与生命的存在有关，如甲烷。

NASA的一位工程师提出了一个想法，制造一种能融化其木卫二表面冰层的探测器，并向水下发射一些尺寸只有手机大小的机器人，可以用来探测木卫二，或用来寻找土卫二冰层下是否有地外生命存在的迹象。这种概念已经获得"创新概念项目"第一阶段的资助，用于概念的可行性研究，并将概念转化为设计方案，创建3D打印原型。2022年又收到NASA"创新概念项目"第二阶段的资助。

NASA的这位工程师在一份声明中说："通过一群小型三角形的游泳机器人，能够探索更大范围的海域，多个机器人在同一区域内采集数据，可以改善探测水准，就像NASA

的"机智"号火星直升机增加了"毅力"号火星任务的范围一样。

这种小型三角形的游泳机器人（图8.26）可以装进一个更大的"机器人"设计中，通过融化冰层，可能使用辐射在冰层中穿行。在穿越表面厚冰层的漫长旅程中，小型三角形的游泳机器人携带收集数据的各种传感器。

目前，这种三角形的游泳机器人拴在地面着陆器上，测试通信与控制功能。NASA 工程师相信机器人群能够比单个机器人探索到更多的环境信息。但他们担心，花了这么多年研制，如果木卫二有生命存在，却因为选择了错误的地方进入木卫二海洋冰层，则会前功尽弃。

无论怎样，这种概念仍处于测试阶段，这种机器人还没有参与过任何任务。不过，美国已经计划发射木卫二快船，木卫二快船将于2024年10月发射，发射窗口期21天，预计于2030年4月抵达目的地。木卫二快船将利用火星和地球的重力作为辅助，于2025年2月飞越火星，2026年12月飞越地球，2030年抵达木卫二。届时，肯定会从木卫二冰下海洋的阴暗世界里发现有价值的数据。

图8.26 在木卫二冰下海洋里的小型三角形游泳机器群

8.19 月面太阳能传输与发电的新概念——"御光器"

"御光器"是一种月球在表面发电和配电的新概念，这个概念涉及两个方面的创新应用。第一个创新应用是"定日镜"，定日镜是利用卡塞格林反射望远镜捕获太阳光（图

8.27）；第二个创新应用是利用菲涅耳透镜（图8.28），菲涅耳透镜负责聚集这些光线，以分发给一公里或更远距离上的多个用户终端，而不会造成能量的大量损耗。

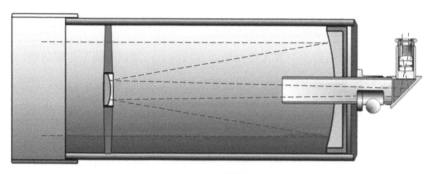

图8.27　定日镜

在1672年，洛朗·卡塞格林最先提出了由两个反射镜片组合而成的光学望远镜，其中主镜为凹面镜，次镜为凸面镜，两个镜片对称地排列在光轴上，主镜的中心通常会穿孔以让光线通过而到达次镜

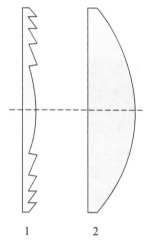

图8.28　菲涅耳透镜

由于光的折射发生在介质交界面，以玻璃与空气为例，拿掉尽可能多的光学材料，而保留表面的弯曲度，则能节省大量的镜片材料，并且还能达到相同的聚光效果。法国物理学家奥古斯丁·菲涅耳在1822年最先通过这种方法使透镜变薄。菲涅耳透镜也称螺纹透镜，图中"1"代表菲涅耳透镜，"2"代表普通透镜

在用户终端的位置使用小型光伏阵列（直径为2～4m）将接收到的太阳能转换为电能，这些光伏阵列可以安装在栖息地和漫游车等地方，如图8.29所示。这个概念明显优于激光能量的传输方案，因为它只做一次能量转换，不需要大量电缆的传统配电装置。

"御光器"系统与传统方案相比，如激光功率传输或高压电缆传输，其质量为传统方案的1/5。在最初设计的样机中，"御光器"主反射镜可以捕获48kWe（"kWe"为发电机组输出的功率单位）的太阳能光，而用户终端获得电力的多少依赖于接收地点的距离，1公里内至少能提供9千瓦时的连续电力，相当于一台小型的轻量级裂变反应堆的能量输出。"御光器"系统输出功率级别可以通过改变定日镜大小、接收光伏阵列的大小、节点间的距离或者通过增减已部署的阵列的数量来改变。

图8.29　建立在月面的"御光器"系统

8.20　用于探索土卫六的旋翼着陆器

土卫六是土星已知的卫星中最大的一颗，也是迄今为止发现的与地球最相似的一颗星球（在太阳系里）。土卫六大气层的密度是地球的4倍，有云层、雨水、湖泊和河流，甚至还有地下咸水海洋。土卫六大气主要由氮和少量甲烷组成，当甲烷和氮分子分解时，会形成一个复杂的有机化学物质。在25亿至38亿年前，早期地球的空气中充满了甲烷而非氧气，当时的情况可能与土卫六现在的大气情况相似。

2020年，研究人员通过位于智利北部的大型射电望远镜阵（图8.30）发现了在土卫六的大气层中有一种从未在其他星球大气层中发现的分子，暂称为环丙烯亚基（由3个碳原子和2个氢原子组成）。研究人员猜测这种碳基分子可能是生命化合物的前身。

NASA 将于2027年发射一颗名为"蜻蜓"号的探测器，预计在2035年到达土卫六。这将是人类在另一个天体上的第一个多旋翼科学飞行器（图8.31）、第一个在多个探测区域之间携带全部有效载荷的飞行器，计划用9年时间来执行任务。"蜻蜓"号探测器配置气动整流罩和降落伞，并辅助旋翼动力着陆；它还部署高增益天线，用于直接与地球通信；它由一个放射性同位素电源提供热量，并为一个大电池涓流充电；它可以像传统着陆器一样几乎无限期地运行，也可以定期进行短暂的电池供电，利用机翼转子飞行到新的地点。

图8.30 大型射电望远镜阵

在智利北部的阿塔卡玛沙漠，号称世界的"干极"，高温少雨，没有任何生命迹象，但特别适合进行天文观测。从1998年5月开始，以欧洲南天文台为主，与美国、加拿大等国家及地区合作，在这里开始兴建世界最大的毫米波天线阵

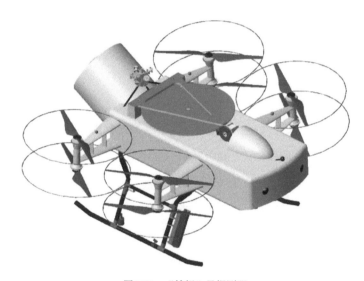

图8.31 "蜻蜓"号探测器

"蜻蜓"号探测器配置适合土卫六大气的飞行旋翼，平布的灰色圆形是高增益天线，高增益天线连接万向节，万向节前面是气动整流罩，后面的圆筒是多任务放射性同位素热电发生器；在近侧滑腿上有一个取样钻装备，前视摄像头嵌在车辆圆形机头的棕褐色绝缘泡沫中

　　"蜻蜓"号探测器携带一种质谱仪，让地球上的科学家能够远程研究土卫六表面的化学组成。质谱仪是一种通过将样品中的各种化学成分分解为其基本分子，并通过传感器进行鉴定来分析样品的仪器。"蜻蜓"号探测器也是一种旋翼飞行器，可以在土卫六的低重力和密集大气中飞行，探索土卫六表面的不同"兴趣点"，这些点彼此相距几十公里，可

采集多种地质历史环境中的样本。

从每个"兴趣点"的表面钻出小于1克的样本，带到着陆器的主体内。在着陆器体内，质谱仪再向其提供能量，使其中的原子带正电或带负电，进而检查各化合物的化学成分，来确定样本中含有什么。

科学家认为，假如这些真的有生命的迹象，将会深刻拓展人类思维，因为这是与地球上以水为基础的生命毫不相干的第二种生命形式。也有科学家认为，当太阳不断膨胀最终吞没地球时，气温升高的土卫六上将具备人类生存的理想条件。当生命形成的化学成分已经存在，只需更高的温度来启动程序。再过40亿年，当太阳膨胀成一颗红巨星时，土卫六可能会成为天堂般的理想居住地。

8.21 适合"猎鹰"9号发射的模拟重力舱

国际空间站曾计划用离心力模拟重力，也称离心力模拟重力舱，它直径为40米，每30秒旋转一圈，在离心力模拟重力舱的圆环处呈现地球重力（1g），中点处呈现地球一半的重力（G/g），中心轴处则无重力。由于它的结构比较大，没有能运送它的工具，所以只好取消这个项目。但NASA却始终热衷于这个想法，并鼓励一些知名高校团队寻求在满足单枚火箭发射的条件下开发一种可以模拟地球重力的装备。

有两种方法让离心力正好等于地球引力：一种方法是让旋转装备转得非常快，另一种方法是利用一个非常大的旋转轴。但人类生命体经受不了长时间的高速旋转。科学研究表明，人类身体能适应的转动速度不应超过3转每分钟。为了在1～2转每分钟的转速条件下，产生接近1g的人造重力，需要一种千米级的尺寸结构，所以解决方案的核心便是要构建出一种高扩张比的可展开结构。

截至目前，在一次火箭发射中装入这么大的装置是不可能的。但是，NASA支撑的一个团队认为，他们已经解决这个不可能的问题。他们提出一种"高扩张比的结构机构"的概念，这种概念的核心是利用两种创新的技术，即"剪切拉胀"材料和"分支剪刀"结构，如图8.32所示。

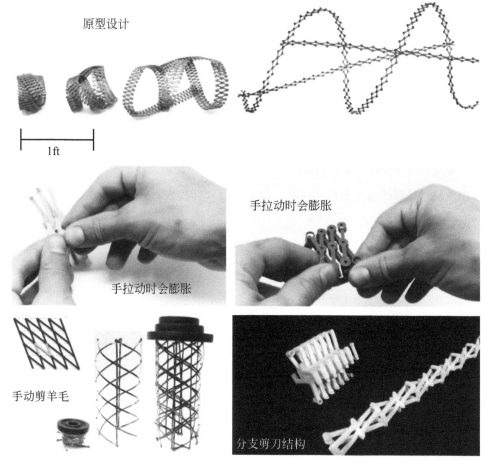

图8.32 "剪切拉胀"材料和"分支剪刀"结构

"剪切拉胀"材料是一种新型材料，当用手拉动时就会膨胀，手的力量可以控制材料的刚度。在机器人应用中，它作为线性驱动器和夹持器越来越受欢迎，但在太空中的使用效果还有待证明。

"分支剪刀"结构是一种从紧凑结构展开更大结构的方法。"分支剪刀"结构可以从更紧凑的结构迅速变成更大的结构。在理想情况下，这种概念可以创建一个千米规模的空间栖息地结构，栖息地结构的旋转速度能够满足模拟地球重力的需求，未来可以利用这种技术，将其封装在"猎鹰"9号火箭整流罩中（图8.33），需要时可以展开为原来尺寸的150倍。

这种概念未来面临的问题主要包括两方面：一方面是在给定的有限资源条件下，怎样保证可靠地部署；另一方面是怎样的设计才能避免各种干扰因素。

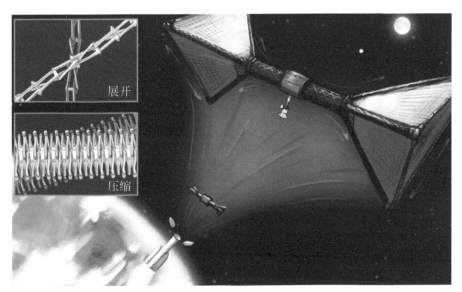

图8.33 适合"猎鹰"9号发射的千米模拟重力舱

参考文献

SPACECRAFT DESIGN AND
NEW CONCEPT SPACECRAFT

[1] 钱学森，宋健. 星际航行概论[M]. 北京：中国宇航出版社，2008.

[2] 王希季，李大耀，张永维.卫星设计学[M]. 北京：中国宇航出版社，2014.

[3] 胡其正，杨芳. 宇航概论[M]. 北京: 中国科学技术出版社, 2010.

[4] 于志坚. 航天器测量系统工程[M]. 北京: 国防工业出版社, 2008.

[5] 李国欣. 航天器电源系统技术概论[M]. 北京: 中国宇航出版社, 2008.

[6] 彭成荣. 航天器总体设计[M]. 北京: 中国科学技术出版社, 2011.

[7] 闻新. 空间飞行器总体设计[M]. 哈尔滨: 哈尔滨工业大学, 2020.

[8] 张庆君，刘杰. 航天器系统设计[M]. 北京：北京理工大学出版社，2018.

[9] 徐明，白雪，郑亚茹. 新概念航天器设计[M]. 北京：北京航空航天大学出版社，2020.

[10] 谷良贤，龚春林. 航天飞行器设计[M]. 西安：西北工业大学出版社，2016.